해양구조물 설계및 심해저 시스템

하윤도 저

도서출판 GS인터비전

머리말

유로존의 경제위기 지속 등으로 세계 경제침체가 가속화되는 중에 세계 최강의 위치를 유지하던 한국의 조선 산업은 과잉 생산 및 중국의 저가 공세 등으로 인해 위기에 직면해 있다. 이 책의 집필을 시작한 2013년 후반에는 주요 선진국의 경제 회복세가 세계경제 성장을 견인할 것으로 예상하였지만, 유로존과 일본이 기대만큼의 성장률을 달성하지 못하고 브라질과 중국 등 신흥국의 성장세도 약화되는 추세로 볼 때 2015년의 세계경제도 두드러진 성장세로 돌아서지는 못할 것이라는 전망이 나오고 있다. 이런 가운데 주목받고 있는 **해양구조물 및 심해저 자원** 관련 산업은 조선 산업에서 사용되는 기초 기술들을 다수 활용할 수 있고, 단순 가격 경쟁력보다는 검증된 기술과 품질, 특화된 기술이 필수적으로 요구되기 때문에 신흥 조선 강국들과의 경쟁력에서 우위를 점할 수 있고 다각화, 전문화된 미래지향적 조선해양 산업이라고 평가할 수 있다. 산업적인 측면에서도 전통적인 조선 산업은 해운회사 중심의 제조업이라는 성격이 강한 반면, 해양구조물 관련 산업은 제품이 표준화되어 있지 않고 시추, 생산의 안전성 및 안정성 등 조건에 따른 차별화된 제품이 요구되기 때문에, 첨단 엔지니어링 기술이 수반되어야 한다. 더불어 지속적이고 안정적인 원유공급을 위해 심해원유 개발이 활성화되면서 산업 수요가 지속적으로 늘어날 것으로 전망이 되는 등, 해양구조물 및 심해저 자원 관련 산업은 고부가가치 산업이며 미래의 먹거리로 평가된다.

이 책은 조선해양공학 및 인접분야를 전공하는 학부 및 대학원생들을 위한 **"해양구조물 설계 및 심해저 자원 생산, 시추 시스템에 대한 개론"**이다. 관련 산업의 발전으로 해양구조물에 대한 간단한 소개나 플랜트 공학 혹은 시추, 생산 기술에 대한 설명을 하는 자료는 어렵지 않게 찾아볼 수 있다. 그러나 해양구조물은 독자적인 역할을 수행하기 보다는 해저 자원 생산 및 시추 관련 장비들과 함께 하나의 시스템으로 작동한다. 따라서 이 책에서는 해양구조물을 구조적 특성과 역할에 따라 공학적인 지식에 근거하여 설명하고, 해저 자원 생산 및 시추 시스템으로서 해양구조물이 작동하는 원리와 작업을 돕는 여러 관련 장비들에 대해 폭넓게 설명하려고 노력하였다. 해양구조물이란 육지와 연결된 어떤 구조도 갖지 않은 채, 어떠한 날씨 조건하에서도 바다의 한 지점에 머물러 있을 수 있는 구조물을 말한다. 해양구조물은 다양한 장소에서 다양한 목적으로 사용된다. 해저유전이나 가스의 개발과 생산을 위해 설치되기도 하고, 대형 유조선의 접안을 위한 항만 구조물로 쓰이기도 하는 등, 해양구조물은 해상에서 운영되는 다양한 구조물을 통칭한다. 이 책에서는 해양구조물을 처음 접하는 관련 전공 학생들을 위해 해양구조물을 기초 구조의 특성에 따라 고정식, 부유식, 하이브리드식 등으로 분류하여 그 특징 및 지반과의 관계에 대해 기술하고, 때로는 전문적이고 공학적인 측면에서 분석하였다. 또한 해양구조물의 작업을 지원하는 해양구조물 지원선에 대해 소개함으로써 해양구조물 설치 및 작업 전반에 대한 이해를 도모하였다. 해양 자원의 개발 무대가 지속적으로 깊은 바다로 확장됨에 따라 심해저에서의 생산, 시추 기술 및 시스템에 대한 폭넓은 지식이 더불어 요구된다. 따라서 이 책의 후반부에서는 해저석유나 천연가스를 시추, 생산, 저장 및 수송하는데 필요한 구조물의 설계와 시추 기술 및 심해저 생산 시스템에 대해 체계적으로 설명하였다. 또한, 넓은 의미의 해양구조물로서 플랜트 및 도시 기능을 포함한 해양구조물의 다양한 부가적 기능에 대한 소개를 수록하였다.

끝으로, 이 책을 집필하는데 헌신적으로 수고해 준 군산대학교 조선공학과 전산역학 최적설계 연구실의 정석경, 안태식 군과 GS인터비전 출판 관계자 여러분께 진심으로 감사의 말씀을 드린다.

2015년 1월

하윤도

차 례

Chapter 1

서론
(Introduction)

1.1 해양구조물 및 심해저 시스템 개요
1.2 해양구조물 설계
1.3 선박과 해양구조물의 설계적인 차이점

1.1 해양구조물 및 심해저 시스템 개요

육상 부존 자원의 지속적인 고갈로 인해 신재생 에너지 개발과 함께 안정적인 자원 확보를 위한 노력은 미래 산업 사회 성장을 위한 가장 중요한 과제라고 할 수 있다. 1970년대 중동전쟁으로 인한 두 차례의 오일쇼크 및 원유가의 급상승으로 인해, 세계 여러 선진국들은 안정적인 자원 확보를 위해 육지에서 바다로 눈을 돌리게 되었다. 지구의 4분의 3 이상의 면적을 차지하고 있는 바다는 무궁무진한 자원을 가지고 있다. 그러나 바다에서 자원을 생산하기 위한 해양구조물 및 심해저 시스템을 설치, 운용하기 위해서는 열대지방의 스콜현상, 태풍, 극지방의 빙해역과 해상상태 등과 같은 극한 환경하중과 더불어 수심, 해저면 지질상태 등과 같은 육지에서 경험하지 못한 많은 기술적 어려움을 극복해야 한다.

해양구조물은 선박, 해양플랜트와 기타 해양에서 운용되는 다양한 구조물들을 포괄하는 명칭으로 기능과 용도, 환경 및 거동 방식에 따라 다양한 종류가 있다. 바다에 구조물을 설치하기 위해서는 해저면의 지질상태, 수심, 저항, 해풍, 조석, 해양 생물, 파도 등 다양한 해양 환경에 대응하기 위한 대책을 마련해야 한다. 바다에서 해저자원을 개발하기 위해 필요한 해양구조물 및 심해저 시스템은 일반적으로 바다에 있는 석유나 가스를 탐사하고 굴착, 생산하는 시설을 뜻하는, 우리가 이른바 해양 석유 굴착이라고 말하는 산업 분야를 비롯해, 그린 에너지라고 불리는 해상에서의 풍력, 조류, 파랑을 이용한 에너지 자원 개발과 관련된 발전 설비, 그리고 담수화 장치, 소각 장치, 핵폐기물 장치, 공항 및 항만, 해상 주차장 등 해양에 설치하는 모든 사회 기반 시설을 모두 포함한다고 할 수 있다. 또한, 해저지질조사를 통해 천연자원이 매장되어 있다고 추정되는 위치에 시추선이나 시추용 플랫폼을 동원하여 그 매장량과 경제성을 확인한 뒤, 본격적인 생산을 위해 해양구조물을 설치한다. 해양구조물은 바다 위의 상부 구조물과 심해저 시스템에서 그 기능을 긴밀하게 유지해야하기 때문에 환경하중에 의한 영향이 매우 중요하다. 따라서 환경하중에 대한 거동 및 대응 방식에 따라 고정식(Fixed), 부유식(Floating), 그리고 두 가지 형식을 결합한 하이브리드(Hybrid) 방식의 구조물로 구분할 수 있다. 최근에는 해저자원의 매장지가 주로 심해저에 형성되기 때문에 심해저 시스템 구축에 대한 관심이 높아지면서 해양구조물의 범주가 더욱 확대되고 있다.

1.2 해양구조물 설계

100년 이상의 선박 건조 역사에 비해 해양구조물은 비교적 짧은 건조 역사를 가지고 있고, 설치 환경 및 조건이 점차 복잡해지고 있기 때문에 오늘날에도 지속적으로 혁신적인 설계 개념이 도출되고 있다. 형상 및 기능이 다양한 해양구조물에 대한 구조적 안정성을 확보하기 위한 일관된 설계 규칙이 확립되기는 어려운 실정이다. 따라서 일반 상선의 구조설계는 선급규칙에 의존하여 소위 규칙기반 설계(Design by rule)로 이루어지는데 반하여, 해양구조물의 구조설계는 엄격한 구조안정성 평가를 바탕으로 하는 해석기반 설계(Design by analysis)가 필수적이다. 나아가 최근 석유 시추/생산 작업이 보다 수심이 깊은 심해역과 빙해역 등 환경조건이 가혹한 해역으로 확대되고 있어 더욱 과학적이고 합리적인 설계기술의 개발이 요구되고 있다.

해양구조물 설계의 요체는 주어진 환경 및 조건 하에서 다음과 같은 4가지 한계 상태(Limit state)에 이르지 않도록 전체적인 구조물의 형상과 부재의 치수를 결정하는 것이다.

■ 최종강도 한계상태 (Ultimate Limit state)

구조물이 견딜 수 없는 최대하중보다 더 큰 하중이 작용하여 좌굴 또는 과도한 소성변형이 발생함으로써 구조물이 최종적으로 붕괴되는 상태이다.

■ 피로강도 한계상태 (Fatigue Limit state)

파랑, 풍압 등 반복적으로 작용하는 하중에 의해 구조부재에 피로파괴가 발생하는 상태로 변동응력의 시간에 따른 변화와 응력집중의 문제가 엄밀하게 고려되어야 한다.

■ 점진붕괴 한계상태 (Progressive Collapse Limit state)

어떤 외부하중 또는 사고에 의해 구조물에 국부적인 손상이 발생되어 잔류강도가 감소된 이후, 이 손상을 확대시킬 수 있는 큰 하중이 차례로 작용하여 누적된 손상에 의해 구조물이 점진적으로 붕괴되는 상태이다.

■ 운용가능 한계상태 (Serviceability Limit state)

위의 3가지 경우에 해당 되지는 않지만 구조물이 주어진 기능을 다하지 못해 운용이 중단되는 상태. 예를 들면 진동이나 소음이 설계 요구조건을 초과할 정도로 심하여 작업이 어렵거나 또는 구조물의 변형이 심해 탑재된 장비를 사용하기가 불가능한 상태이다.

이러한 한계상태들을 극복할 수 있는 합리적인 구조설계를 위해 작업 종류 및 조건, 하중조건, 설계온도, 적용규칙 등의 설계조건에 대한 면밀한 검토가 선행되어야 한다. 일반 해양구조물은 운용 해역 및 수심에 따라 설계조건이 조금씩 달라질 수 있는데, 빙해역에 설치되는 경우에는 좀 더 특수한 사양이 요구되며, 설계온도는 사용 재료의 선정 및 시험 방법에 있어 매우 중요한 요소이다.

1.3 선박과 해양구조물의 설계적인 차이점

일반 상선은 화물을 적재하고 목적지까지 운송하는 비교적 단순한 기능과 함께 배라고 하는 공통적인 특성을 가지는 반면, 해양구조물은 탐사, 시추 및 생산과 같은 다양한 기능을 수행하기 위한 설비를 갖추어야 하고, 그 목적에 따라 다양한 형태를 가지기 때문에 구조설계 관점에서도 선급의 규정을 따라 구조 부재의 치수를 정하는 일반적인 방식을 쓸 수 없고, 다양한 설계 목적을 만족시킬 수 있도록 구조해석에 근거한 설계 기법을 적용한다. 더욱이 해양구조물의 대다수를 차지하는 해저 석유의 시추/생산 설비는 최근 작업 영역이 연안의 대륙붕에서 점차 심해로 확장되고 있어 혁신적인 구조형식과 설계 개념의 도입이 가속화되고 있다. 선급 규정/규칙에서도 해양구조물에 대해서는 전반적인 지침만 제공할 뿐, 상세한 설계규칙을 제시하지 않고 있다.

선박은 날씨가 매우 나쁠 때는 경우에 따라 항로를 바꾸어 나쁜 기상 조건을 피해갈 수도 있으나, 해양구조물은 해당 작업 위치에 고정되어 가혹한 해상 조건도 그대로 견뎌야하기 때문에, 설계하중의 크기도 크고 조건도 훨씬 엄격하다. 2010년도에 발생한 멕시코 만의 유정 유출 사고에서 보듯이 석유 시추/생산용 해양구조물이 파괴되면 엄청난 환경재앙을 불러올 수 있으므로, 구조설계 역시 일반상선보다 훨씬 보수적으로 진행된다. 선박의 경우에는 생산비용의 절감이 설계 시에 고려해야 할 변수의 하나이지만, 해양구조물에 대해서는 안전이 가장 중요한 설계 요소이며 전통적인 조선공학뿐만 아니라 기계공학, 토목공학 등 다양한 공학적 접근이 필수적이다.

<표 1.1> 조선산업과 해양플랜트산업의 비교

조선		해양
제조	업의 본질	엔지니어링
해운회사 중심	주요 고객	자원, 에너지 개발회사
운송원가 절감	고객 핵심 니즈	시추, 생산의 안정성 및 안정성
제조역량(생산성, 원가, 품질)	핵심역량	제조 + 설계역량 및 Track Record
확정론적, 수학적 알고리즘 해석 (건조경험 기반, 계산 방식 적용)	기술패러다임	확률적, 테스트 기반 설계 (시추 현장 별 다른 환경→다른 접근)

Chapter 2

고정식 해양구조물

(Fixed Offshore Structures)

고정식 구조물이란 해저면과 직접 접촉하여 구조부재의 중량과 강성에 의해 하중을 지탱하는 해양 구조물이다. 고정식 구조물은 설치 해역의 수심과 해저면의 상태에 따라 자켓식 구조물(jacket type platform), 갑판승강식 구조물(jack-up rig or self-elevating platform), 케이슨 구조물(caisson type structures), 콘크리트 중력식 구조물(concrete gravity structures), 매립식 인공섬(reclaimed island) 등으로 분류된다. 각각 구조물은 기능과 특징, 설치, 운용방법 등이 모두 다르다. 고정식 해양구조물은 해저 면에 단단히 고정이 되기 때문에 환경의 영향을 거의 받지 않는다. 그러나 수심이 깊어질수록 설치가 어렵고 비용이 많이 든다는 문제점이 있다.

2.1 자켓식 구조물

자켓식 구조물(jacket type platform)은 대표적인 고정식 해양구조물의 하나로서 수면 하부에는 4~8개의 원통형 철제 기둥과 수평 및 경사보강재가 일체로 용접된 자켓이 파일(pile)에 의해 해저면에 단단히 고정되어 파랑하중과 자체 중량을 지탱하는 방식이다. 그러나 자켓식 구조물은 크기와 건조비가 수심이 깊어질 경우 급격하게 증가하기 때문에 수심 400 m가 일반적으로 설치 한계로 여겨진다.

자켓(하부) 구조물은 수평 방향의 전복 모멘트를 지탱하기 위하여 해저면 기초 부분(base)의 면적이 수면부의 면적에 비해 충분히 넓게 제작되며 기둥과 파일은 약간 경사진 (약 7~8° 정도) 방향으로 설치된다. 이와 같은 방식은 수평방향의 전복 모멘트를 지탱할 뿐만 아니라 수직 하중과 전단력을 지탱 하는 데도 효과적이며, 고유 진동 주기를 짧게 하여 공진의 위험을 줄이는 역할도 한다.

일반적으로 파일은 자켓 설치 후 주 기둥 바로 옆에 설치되거나(skirt piles, 그림 2.1), 주 기둥 내부를 통하여 바닥 깊숙이 박혀 구조물의 안정성을 높이는 역할을 한다(main piles). 하지만 정확한 유정(well)위치 확보와 파일의 가이드프레임(guide frame) 제공을 위해 추가적으로 템플릿(sub sea template, 그림 2.2)이 자켓보다 먼저 설치되기도 한다. 현재 추세는 main piles 공법을 이용하는 것이며, 주 기둥에 들어가는 파일을 해상크레인을 이용하여 삽입한다. 이 때 파일을 바닥에 박기 위해서 해머(hammer)라는 유압식 장비가 사용되고, 한 개의 파일이 일정깊이로 박히면 또 다른 파일을 설치된 파일 위에 용접한 후 다시 해머로 박는 일련의 작업을 수회 반복한다(그림 2.3).

상부 구조 갑판의 면적은 유정의 개수, 시추 탑의 개수, 원유나 가스 생산량 등에 의해 결정된다. 또한 상부 플랫폼의 규모와 형태에 따라 탑의 용도도 다양하게 쓸 수 있어 여러 개의 구조물이 주변에 설치되어 한 개의 일관된 작업 시스템을 구성할 수 있다. 그림 2.4는 우리나라에 있는 이어도 해양과학기지로 수중 암초지대 위에 설치된 자켓식 구조물이다.

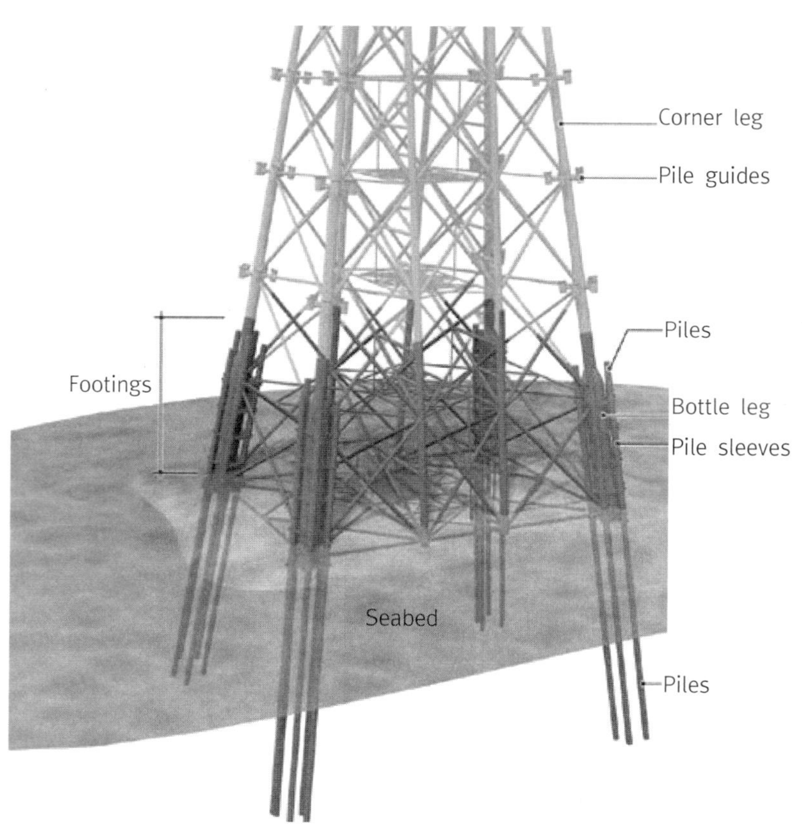

그림 2.1 자켓식 구조물의 고정 방법 중 skirt piles의 예
[자료출처:www.offshore-technology.com]

그림 2.2 template의 일부인 well guide(상)와
pile guide(하)의 모습

그림 2.3 main piles와 해머(hammer)를 이용한 설치 과정

그림 2.4 이어도 종합해양과학기지 전경과 조감도

2.1.1 자켓식 구조물의 설치

1) 1단계 - 자켓의 이동과 설치(launching)

(1) launching barge

자켓과 같은 해양구조물을 조립공장의 안벽에서 탑재하여 목적지까지 예인하여 진수시키는데 사용되는 바지(그림 2.5)로 갑판에는 구조물을 밀어서 이동시킬 수 있는 Skid Beam이 설치되어 있으며 발라스트를 사용하여 본체를 기울여 구조물을 해상에 진수시킨다.

(2) floating & upending analysis

자켓의 자중과 부력이 평행상태를 이루어 어떤 상태로 떠 있는가를 알아보는 것이 floating analysis이다. 부유 상태에서 파일을 박아 최종적으로 고정시키기 위하여 직립 상태로 회전시키는 upending이 안전하게 이루어지는 것을 설계단계에서 검증하는 해석절차가 upending analysis이다.

(3) launching analysis

자켓 설치 시 소형 자켓은 플로팅크레인(floating crane)으로 직접 들어 올려 진수시키지만 중, 대형 자켓은 바지 위에 설치한 jack으로 밀고 winch로 잡아 당겨 tilt beam의 pin 위치까지 옮긴 후 회전시켜 진수하게 된다. 이때 바지와 자켓 사이의 거동을 예측하기 위해 설계단계에서 수행하는 해석방법을 말한다.

그림 2.5 Launching Barge

2) 2단계 - 데크(deck) 이동 및 탑재

(1) 해상크레인에 의한 방법

① 플로팅 크레인(floating crane)

선박과 크레인이 결합된 해상크레인 안정성이 좋은 장방형, 상형을 한 부 선상에 각종 jib 크레인을 설치하고, 수상을 이동하여 하역을 행하는 것으로, 일반적인 jib 크레인과 마찬가지로 회전식, 고정식이 이용되며, 부선 거의 중앙에 크레인 본체를 설치한다(그림 2.6). 플로팅 크레인은 해상에서의 하역은 물론이고, 지상 크레인에서의 크레인 도달거리 밖이거나 하중제한을 넘은 경우 등에는 선각공사, 의장 공사에도 사용된다.

- 건식예인(dry tow)

건조된 해양구조물을 운항해역까지 이동할 때 데크 바지(deck barge) 등을 이용하는 방식으로 물에 구조물을 직접 띄워서 끌고 가는 습식예인(wet tow)에 비해 안전하고 신속하게 이동할 수 있다는 장점이 있다(그림 2.7).

그림 2.6 세계에서 가장 큰 floating crane인 THIALF

그림 2.7 바지선을 이용한 건식예인

② floating barge(catamaran)에 의한 방법

- load out

육상에서 제작된 자켓이나 데크 등의 구조물을 설치해역까지 신속하고 안전하게 운반하기 위해 운반용 바지(floating barge)에 옮겨 신기 위한 과정이다(그림2.8).

- floating barge에 의한 거치

floating barge의 ballast tank에 물을 최대한 배출함으로써 부력을 상승시켜 갑판의 높이를 최대한 수면에서 높여 구조물을 자켓 위에 거치한 다음 ballast에 다시 물을 채워 부력을 줄인 후 배의 높이를 낮추어 바지선만 이동시키는 방법으로 주로 해상교량의 상판이나 아치의 설치에 활용되는 공법이다.

그림 2.8 load out중인 상부 구조물

그림 2.9 자켓식 구조물의 설치 과정[자료출처:www.youtube.com 캡쳐]

그림 2.9은 왼쪽상단부터 차례대로 건식 예인과 자켓 진수, 해상 크레인을 이용해서 자켓의 위치를 조정하고 main piles를 해머 장비를 이용해 박아 안정성을 향상 시킨 뒤 상부구조물을 올려 시추 플랫폼을 완성하는 과정이다.

한편, 1953년 DELONG PLATFORM No.1이 최초로 건조된 이후 급격히 증가한 갑판승강식 구조물(jack-up-rig or self-elevating platform)은 수심 100 m 정도의 해역에서 주로 사용된다. 상대적으로 자켓식 구조물보다 소규모의 해양 구조물로써 생산 플랫폼의 용도 보다는 주로 유정 시추용이나 초기 생산용으로 사용된다. 또한 자켓식 구조물과는 달리 이동이 가능하기 때문에 일시적 해상작업대, 해양토목 공사용으로도 많이 사용된다.

그림 2.10 자체 부력으로 부양한 뒤 예인되는 모습

갑판승강식 구조물은 부유식 갑판과 승강식 다리로 구성되어 있어 이동 시에는 다리를 올려 갑판부의 부력으로 부양된 상태에서 예인선(tugboat)을 이용하여 예인하거나(그림 2.10) 데크 바지(deck barge)에 탑재하여 목적지까지 이동한다(그림 2.11). 목적지에 도착하면 승강 장치를 조작하여 다리를 내려 해저 면에 고정시키고, 선체를 파도가 미치지 않는 높이까지 상승시켜 설치한다.

그림 2.11 deck barge에 탑재되어 이동하는 slot type구조물의 모습

갑판승강식 구조물은 작업 개시 전에 예비하중을 걸어, 다리를 해저지반 속으로 충분히 관입 시키고, 작업이 종료되면 다시 선체를 강하·착수시켜 승강 장치와 선체의 부력을 이용하여 해저에 뚫고 들어간 다리를 뽑아내 일정한 위치까지 다리를 상승시켜서 이동한다. 이와 같은 갑판승강식 구조물은 작업 시에는 고정 구조물로써 선체의 요동이 없어 작업가동률을 높일 수 있지만 가동수심이 얕아 120 m 이상의 수심에서는 사용하기 어렵다. 또한 이동 시 다리의 높이가 높아짐에 따라 복원성과 강도가 문제될 수 있다.

상부 구조물은 수밀격벽으로 이루어져 선박과 마찬가지로 부력을 가지며, 선체의 평면 형상은 3각형 또는 4각형이다. 구조물 선체의 크기는 작업 시 구조물에 작용하는 전복 모멘트에 대한 안정성과 이동 시의 안정성에 의해 결정된다.

갑판승강식 구조물은 시추 라이저(drilling riser, 굴착용 장비의 일종으로서 드릴비트와 동력 전달축으로 이루어진 천공(穿孔)시스템)의 위치를 어디에 두느냐에 따라 슬롯 방식(slot type - 그림 2.12)과 캔틸레버 방식(cantilever type - 그림 2.13)으로 나누어진다.

슬롯 방식은 선체 바닥에 구멍이 존재하여 굴착시설(drilling derrick)이 그 위에 있는 방식이고, 캔틸레버 방식은 갑판 외곽 부분에 캔틸레버 구조를 설치하여 선체를 상

그림 2.12 슬롯방식(slot type)

그림 2.13 캔틸레버 방식(cantilever type)

승시킨 뒤 이 부분을 선미방향 선체 밖으로 돌출 시켜 굴착작업을 수행한다. 최근 건조되는 갑판승강식 구조물은 거의 대부분이 갑판 내에서 시추작업이나 기존 생산정의 보수작업이 가능한 캔틸레버 방식이다. 캔틸레버 방식의 단점인 중심위치가 높아지고 모멘트가 커지는 것을 보완하기 위해 슬롯 방식과 캔틸레버 방식을 합친 구조물도 있다.

그림 2.14 그 외 다양한 형태의 갑판승강식 구조물

갑판승강식 구조물은 해저지반이 연약할 경우 장기간 작업하면 해저면 깊숙이 파묻히기 때문에 작업 후 다리를 빼내는 것이 큰 문제점이다. 이 점을 방지하기 위해 다리의 하단에 스퍼드캔(spud can - 그림 2.15)이나 매트(mat - 그림 2.16)를 설치해서 접지면적을 늘리고 다리의 관입깊이를 줄인다.

그림 2.15 스퍼드캔이 부착된 갑판승강식 구조물의 다리부분

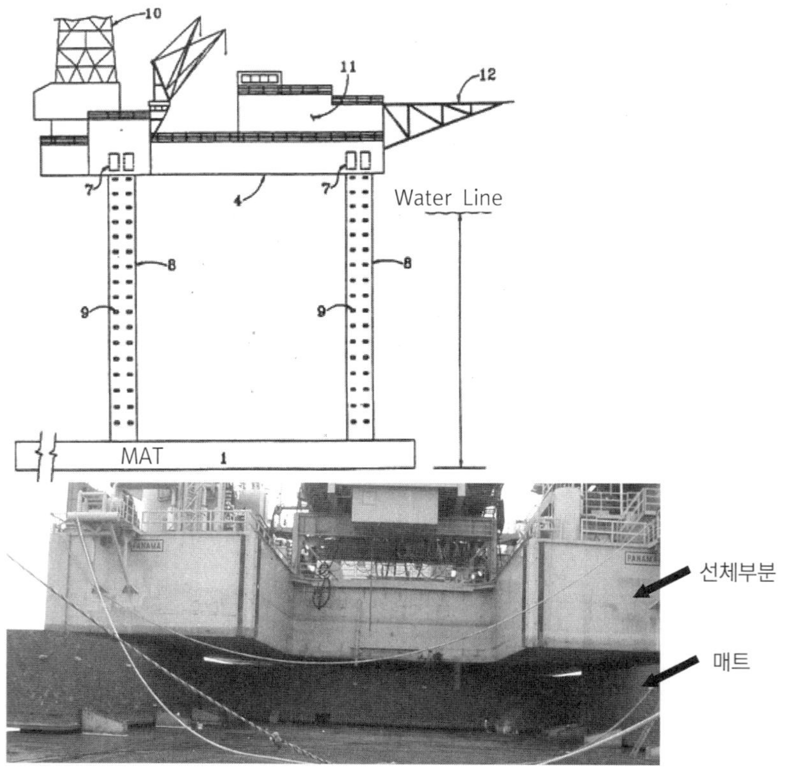

그림 2.16 갑판승강식 구조물의 매트 개념도와 실제 모습

그림 2.17 grip type(좌) 승강장치와 pin-lock type(우) 승강장치

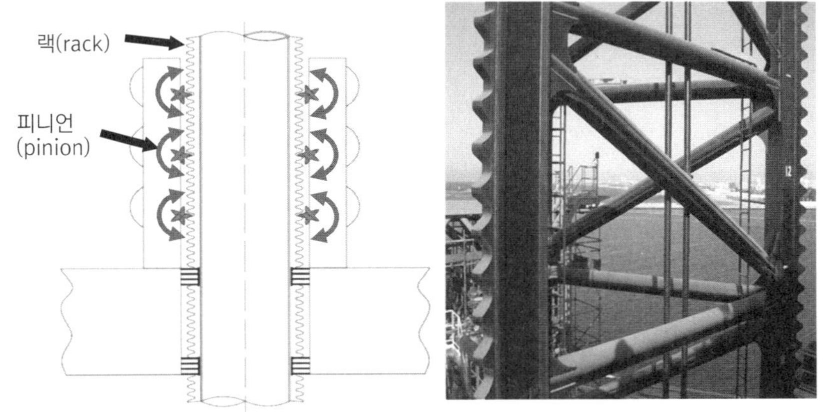

그림 2.18 rack and pinion type 승강장치

일반적으로 스퍼드캔은 암반에서 사질토까지 사용되며 다리 하단에 부착되어 해저면에 가해지는 하중을 독립적으로 분산시킨다. 매트의 경우 사질토에서 연약점토, 실트질까지의 해저지질에 사용되는데 주로 매우 연약한 지반에 쓰이며 스퍼드캔과 달리 하중의 분산이 독립적이지 않다. 다리의 구조는 트러스 구조와 원통 구조가 있으며 트러스 구조의 단면은 보통 3각형이나 4각형이 쓰인다. 원통 구조는 가동수심이 깊지 않거나 다리 하부에 매트가 붙어있는 경우에 사용되어 진다. 갑판승강식 구조물의 승강장치는

공기 또는 유압실린더와 마찰패드 또는 핀(pin)등으로 선체를 부양 및 고정시키는 핀-로크 방식(pin-lock type or grip type, 그림 2.17)과 다리에 랙(rack)이 부착되어 이에 맞물리는 피니언(pinion)을 전동모터로 구동하여 연속적인 승강이 가능한 랙-피니언 방식(rack and pinion type, 그림 2.18)이 있다.

2.2 케이슨 구조물

케이슨(caisson)이란 수중 구조물이나 기초를 구축하기 위하여 육상 또는 수상에서 만들어진 중공(中空, 속이 빈)형태의 구조물로 내부를 토사나 사석으로 채우기 때문에 다리 교각이나 방파제등의 기반을 잡아주는데 주로 사용되는 상자모양의 철근 콘크리트이다. 케이슨에는 바닥이 없는 내부를 굴착하는 오픈형(우물통) 케이슨(그림 2.19)과 케이슨 내부에 기밀된 공간(work space)을 만들고 압축공기로 물을 배제하면서 인력 또는 기계를 이용하는 뉴메틱(pneumatic) 케이슨(그림 2.20)의 두 가지 방법이 있다.

케이슨 구조물은 비교적 구조가 간단하고 건조비도 적게 들어간다는 장점이 있다. 그러나 수심이 25 m를 넘게 되면 경제성이 떨어지며 구조물의 안정성과 강도상 문제도 발생한다. 또한 해저지반과 접촉하는 면적이 넓어야 하기 때문에 지반이 평평하고 견고하며 부등침하(不等沈下, 지반이 불균등하게 내려앉는 현상)의 위험성이 없는 경우에만 사용할 수 있어 1980년대에 북극해의 빙해역에서 상당수 설치 사례(그림 2.21)가 있으나, 근래에는 시추설비로는 잘 이용되지 않는다. 하지만 해양공간을 이용한다는 메리트 때문에 여러 발전시설, 해수담수화설비, 쓰레기 소각시설 등의 플랜트를 탑재하거나 항만 방파제(그림 2.22), 접안시설 등의 기초설비로 하천 또는 연안에서 사용되고 있다.

케이슨 진수공법에는 대형 기중기선으로 매달아 진수하는 방법, 자체 중량이 무거울 경우 예인선에 의해 예인 하는 방법 등 많은 공법이 있다. 이러한 공법들은 해수면에서 모든 제작이 이루어지기 때문에 넓은 부지가 불필요하고, 제작, 인양, 진수 등 모든 과정이 한꺼번에 시행된다는 장점이 있지만, 대형 케이슨 제작 시 케이슨을 예인 할 대형의 예인선이 확보되지 못하면 공사비가 천문학적으로 증가한다는 단점이 있다.

그림 2.19 해상 교각 하부의 오픈형(우물통) 케이슨 구조물

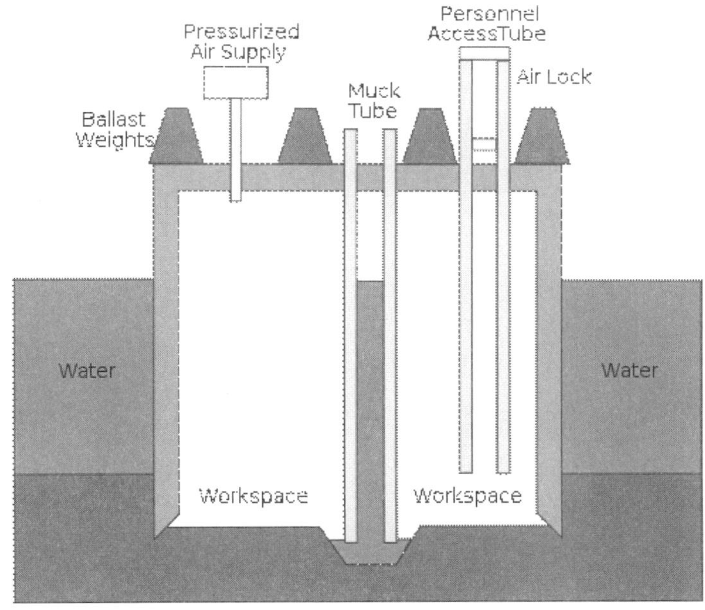

그림 2.20 뉴메틱 케이슨 구조물의 개념도

그림 2.21 빙해역에 설치된 착저식 케이슨 플랫폼(2004.Russia)
[자료출처:www.oilrig-photos.com]

그림 2.22 케이슨 구조물을 이용한 포항 영일만항의 방파제

2.3 콘크리트 중력식 구조물(concrete gravity structure)

1970년대 초반 선진공업국들은 유럽의 북해에서 발견된 최초의 해저유전에 많은 투자와 기술개발에 노력하였다. 북해는 수심이 150 m에 이르고 풍속 50 m/s, 파고 30 m의 열악한 해상상태이며 해저지반은 굳은 점토나 사질토로 이루어져 있어 자켓식 구조물을 설치하기 어렵다. 또한 기상이 좋지 않을 경우 선박의 항해가 불가능 하므로 생산된 원유의 임시 저장능력도 요구 되었다.

콘크리트 중력식 구조물은 자켓식 구조물과 달리 파일을 박을 필요가 없이 육상 또는 해상(연안)에서 건조되고 예인된 구조물의 자체적인 중량을 이용하여 해저면에 고정시키므로 공사기간이 짧으며, 구조물의 기초부가 되는 하부의 거대한 케이슨은 원유 임시저장탱크로 사용이 가능하다. 또한 재질이 콘크리트이기 때문에 해수에 의한 부식을 방지할 수 있는 장점이 있으며 넓은 바닥면이 하중을 지지하는 구조로 되어있기 때문에 큰 중량을 지지할 수 있다. 콘크리트 중력식 구조물은 크게 타워(tower)형과 매니폴드(manifold)형으로 구분된다. 타워형은 condeep(Concrete Deep water structure) 플랫폼이 대표적이며, 기초부가 원유 저장 탱크를 겸할 수 있는 거대한 케이슨으로 이루어져 있고, 상부 구조물을 기초부에 연결된 1~4개의 타워가 지지하고 있는 형태이다(그림 2.23, 2.24).

그림 2.23 타워형 콘크리트 중력식 구조물의 건조 모습
[자료출처:www.statoil.com]

그림 2.24 타워형 콘크리트 중력식 구조물의 건조 및 예인 모습[자료출처:www.statoil.com]

매니폴드형은 원통 셀(cell)이 동심원상으로 배치되어 상호 결합된 구조로 되어 있다(그림 2.25, 2.26). 매니폴드형은 해저에 조류가 흐르는 경우 국부적인 유체의 가속을 일으켜, 구조물 주변의 토사가 물의 작용으로 인해 단면이 작아지거나 표면이 쓸려나가는, 세굴(scour)현상이 나타나기 때문에 외부에 작은 구멍을 뚫어 세굴현상을 감소시킨다.

구조물 설치 후 발생할 수 있는 수평방향의 미끄러짐은 케이슨 바닥의 강재 혹은 하부에 이어지는 판 형태의 부재인 스커트(skirt)가 해저 면에 삽입됨으로써 세굴현상을 방지하고 구조물이 수평방향으로 충분한 저항력을 가질 수 있도록 하며(그림 2.27) 기초부와 암반의 일체화를 위해 틈새에 시멘트와 물의 혼합물인 그라우트 액을 주입하는 그라우팅(grouting)이 용이하도록 아랫부분을 봉인하는 역할을 한다.

콘크리트 중력식 구조물은 공사기간이 짧고 하부 케이슨을 탱크로 사용 할 수 있기 때문에 빙해역에서 많이 사용 된다. 통계에 따르면 북극지방의 석유 매장량은 약 2,500억 배럴로, 확인된 세계 원유 매장량의 1/4에 해당하며, 천연가스는 약 80조 m3로 전체 매장량의 약 45%를 차지한다고 한다. 그 외에도 막대한 양의 석탄, 가스 하이드레이트(gas hydrate), 중금속 광물도 대량 매장된 것으로 추정되고 있다.

그림 2.25 매니폴드형 구조물의 건조 모습

그림 2.26 세굴현상을 감소시키기 위해 외벽에 작은 구멍들이 있는 매니폴드형 구조물

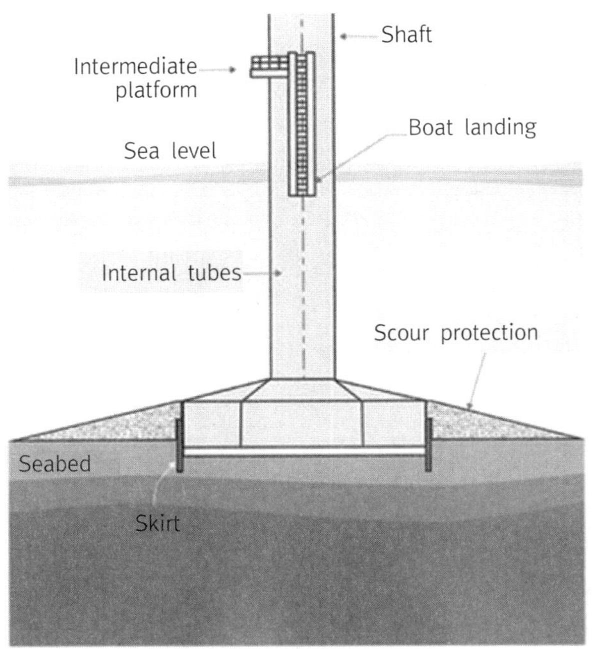

그림 2.27 타워형 구조물 skirt의 개념도

수차례의 석유파동이 일어난 후 선진국들은 막대한 양의 자원이 묻혀있는 북극에 관심을 돌렸으며 극지방 개발에 어마어마한 개발비를 투자하였다. 하지만 극한의 기온과 환경에서 대부분의 구조물은 실효성이 없었다. 이런 상황에서 저온에서 유리한 콘크리트 구조물이 개발되었으며, 몇 가지의 구조물을 다음에 소개하였다.

(1) Canmar Single Drilling Caisson

기존의 타워형 콘크리트 구조물의 큰 단점은 굴착선, 잭업, 반잠수식 구조물 등의 기존의 굴착 플랫폼에 비해 이동을 할 수 없다는 점이다. 이러한 단점을 해결한 독특한 플랫폼이 Bearfort Sea에서 건설되었다. 운항하지 않는 유조선을 잘라 굴착장비를 탑재하여 예비로 준설된 지반에 안착시켜 사용한다. 선체외판은 빙 하중에 견딜 수 있도록 콘크리트와 크게 보강된 횡늑골로 보강을 하며 선체를 다른 장소로 움직일 때는 발라스트 탱크의 물을 배수시켜 수면위로 부상시킨 후 이동시킨다(그림 2.28).

그림 2.28 Canadian Marine Drilling사의 molikpaq

그림 2.29 독일의 Schwedeneck - gravity base platform

(2) Texaco Baltic Sea Platform

독일 연안의 발틱해에서 이용하기 위해 1983년에 두 개의 작은 콘크리트 생산 플랫폼이 건설되었다. 두 구조물은 수직 치수를 제외하고는 기본적으로 같은 설계로 이루어졌다. 8개의 콘크리트 덩어리들이 중심부의 실린더 형태의 콘크리트 축을 둘러싸고 있고 바닥의 직경은 38 m, 중심부의 직경은 13 m이다(그림 2.29).

(3) Global Marine사의 Concrete Island Drilling System(CIDS)

알래스카 보퍼트 해에서의 연중 작업을 위한 이동가능 시추설비의 필요성으로 인해 개발되었다. 이 시스템은 바닥의 지반조성을 필요로 하지 않는 고강도의 가벼운 콘크리트를 사용한 최초의 창고형 시추설비이다(그림 2.30, 2.31).

그림 2.30 CIDS의 건조 및 예인과 상부 구조물 설치 후의 모습

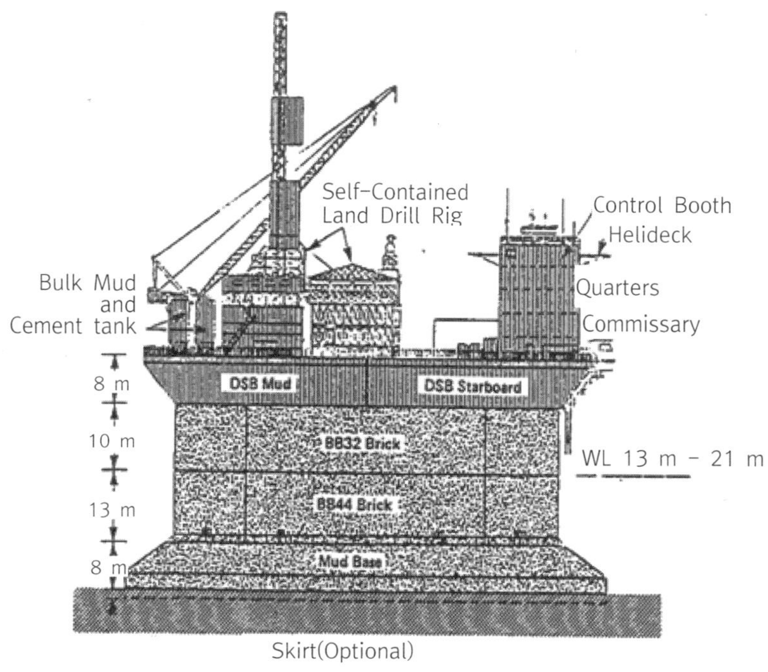

그림 2.31 CIDS의 개념도

(4) Arctic Drilling Structure(ADS)

폭이 넓은 케이슨 구조물은 상대적으로 큰 빙하중을 받고 부드러운 표면의 토양에 의해 발생하는 미끄럼 문제가 있었다. 이러한 문제에 효과적으로 대처할 수 있는 원추형 구조물이 등장하였다. 넓은 간판에서 이것을 지지하는 좁은 부분으로 자연스럽게 변화를 시킬 수 있고 얼음이 굽힘에 의해 파괴되게끔 하여 빙하중을 감소시킬 수 있다. 그리하여 북해에 설치된 중력식 구조물과 비슷하게 기초부의 규모가 크고 직경이 줄어드는 단일기둥의 "모노타워(monotower)" 개념이 제시되었다(그림2.32)

(5) Multiled and stepped GBS Designs

거대한 다년생 얼음과 높은 충격 에너지를 지닌 빙산으로 인한 하중을 견디기 위해 계단식 구조물이 제안되었다. 계단식 구조물은 얼음에 높은 집중하중을 작용하여 얼음을 위아래로 쪼개 균열을 발생시켜 갈라지게 한다(그림 2.33).

그림 2.32 ADS의 개념도

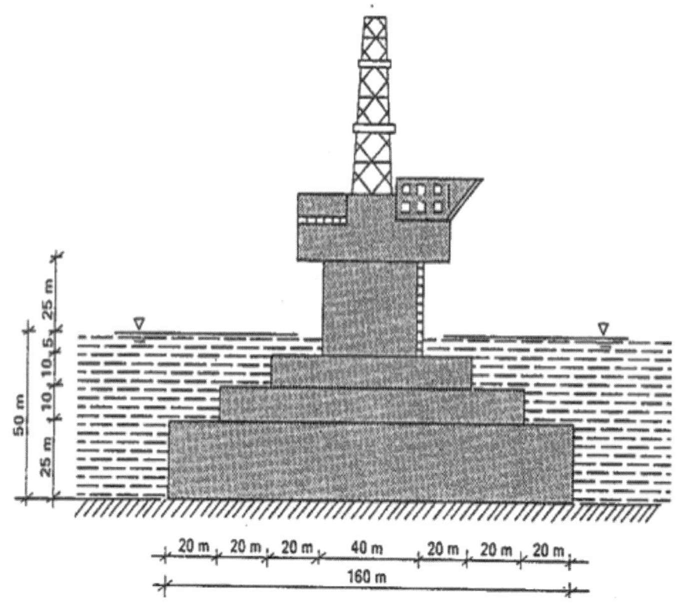

그림 2.33 Stepped GBS production platform

2.4 인공섬

인공섬(artificial island)이란 자연이 아닌 인간의 목적에 의하여 건설된 섬을 말한다. 인공섬의 종류에는 매립식과 부유식, 잔교식이 있다. 그 중 매립식(reclaimed island)과 잔교식(piles type island)이 고정식으로 분류된다(그림 2.34).

흔히 매립과 간척을 같은 의미로 알고 있으나 의미상 엄격히 구분된다. 매립은 다른 곳으로부터 토사물 등을 운반하여 정해진 수역에 투입해 해수면보다 지반을 높이는 것을 말하며, 간척은 연안의 간석지나 수심이 깊지 않은 곳 또는 호소(湖沼, 늪이나 호수)의 얕은 곳에서 물의 유입은 차단하고 내부의 물을 빼내어낸 후 필요한 용도로 사용하기 위해 토지를 조성하는 것이다. 간척의 대표적인 예로 우리나라의 새만금 간척지구(그림 2.35)가 있다.

그림 2.34 인공섬의 종류(왼쪽부터 차례대로 매립식, 부유식, 잔교식)

그림 2.35 새만금 간척지구의 방조제 건설 전, 후 비교사진

그림 2.36 일본의 간사이국제공항(매립식 인공섬)

매립식 인공섬은 수심 2~50 m정도의 연근해를 대상으로 시공이 가능하며, 주위를 보호벽(주로 케이슨 구조물)으로 둘러싸고 내부를 바위, 토사 등으로 매립한 구조로 되어 있다. 이 때 보통 침식을 막기 위해 주변에 해상상태나 시공 조건을 고려하여 방파제를 설치하기도 한다. 잔교식 인공섬은 해저에서 해수면 위까지 다수의 말뚝을 박은 후 상부에 마치 데크를 얹는 것처럼· 인공섬을 만드는 방법으로 매립식과 달리 많은 양의 바위나 토사 등을 사용하지 않으며, 부유식보다 환경의 영향을 적게 받는 장점이 있다. 그러나 지반이 약하거나 지진이 잦은 곳에서는 취약하며, 매립식과 같이 대규모의 공사는 어렵고 부유식처럼 깊은 수심에서는 사용할 수 없는 단점이 있다.

인공 섬은 부지 확보 용이, 소음문제 해소 등의 목적 때문에 주로 해상공항, 외해항만, 군사기지 등으로 활용 되고 있다. 일본의 경우 세계최초로 매립식 인공섬으로 간사이 해상국제공항(그림 2.36)을 건설하였으며, 이외에도 기타큐슈 공항, 주부 국제공항 등이 있다. 두바이에는 '팜 프로젝트(the palm project)' 중 하나인 거대한 인공섬 신도시 '팜 주메이라(그림 2.37)' 있으며, 현재 팜 주메이라 보다 각각 40%, 9배 더 넓은 인공섬이 완공 예정에 있다.

3면이 바다인 우리나라에서도 인공섬의 활용은 지속적으로 이루어지고 있으며, 작게는 생태 조성목적의 인공섬부터 시작하여 크게는 해상공항, 외해 항만 등이 있다. 대표적으로 인천 국제공항은 몇 개의 섬 사이의 바다를 매립하여 만든 매립식 인공섬이다(그림 2.38). 이 외 에도 세계 각국에서는 해양 공간 활용을 목적으로 하는 많은 인공섬이 있다(그림 2.39~41).

그림 2.37 두바이의 '팜 주메이라'의 준설선을 이용한 케이슨내 토사 매립시의 모습(상)과 완공후의 모습(하)

(a) 1993년

(b) 1995년

(c) 1999년

(d) 2000년

그림 2.38 인천 국제공항의 건설 순서
[출처 : 만드는 그린아일랜드-친환경 인공섬(권오순)]

그림 2.39 일본의 매립식 인공섬 해상도시 '포트아일랜드'

그림 2.40 한강의 부유식 인공섬 '플로팅 아일랜드'

그림 2.41 파로호에 있는 매립식 인공섬 '한반도 인공섬'

Chapter 3

부유식 해양구조물
(Floating Offshore Structures)

3.1 반잠수식 구조물
3.2 SPAR 구조물
3.3 드릴쉽
3.4 FPSO
3.5 기타 해양구조물

표 3.1 대표적인 부유식 해양구조물의 종류

종류	
반잠수식 구조물 (Semi-Submersible rig)	
SPAR 구조물 (Single Point Anchor Reservoir platform)	
드릴쉽(Drillship)	
FPSO (Floating Production Storage and Offloading)	

해양자원 및 해양공간의 개발 영역이 연안에서 심해로 이동함에 따라 수심이 상대적으로 얕은 지역에서 주로 사용되던 고정식 구조물은 필요 이상으로 규모가 커졌으며, 그에 따른 경제성 악화 문제가 발생하였다. 이와 같은 문제점을 해결하기 위하여 해저

면에 파일을 박아 고정하지 않고 수면에 떠서 작동하는 부유식 구조물이 개발되었다. 부유식 구조물은 고정식 구조물과 달리 해저면에 직접적으로 고정되어 있지 않기 때문에 자체 부력과 계류 시설만으로 작업공간에 고정될 수 있어야 하며, 먼 바다의 극한 환경에서도 최소의 영향을 받아야 한다. 부유식 해양 구조물은 석유시추 및 생산용에서 해상발전소, 유류 저장시설, 해상 도시, 계류시설 등으로 그 이용이 확산되고 있다. 특히 석유 시추 및 생산을 위한 부유식 구조물은 이동성과 고정성이 동시에 보장되어야 한다. 시추 중에는 부유식 상부구조물이 파도에 의한 6 자유도 운동을 하게 되므로 시추공에서 상부구조물까지 연결되어 있는 시추라이저에 무리한 힘이 가해지지 않도록 운동을 제약해야 한다. 반면, 시추 또는 생산을 종료한 후 다른 지역으로 효율적으로 이동할 수 있어야 한다.

3.1 반잠수식 구조물

해저 석유 개발 해역이 대륙붕 근처에서 심해저로 확장됨에 따라 고정식 구조물은 기술적, 경제적 한계를 보여주었다. 이와 같은 문제점을 해결하기 위해 수심의 영향을 거의 받지 않는 선박과 같은 형태의 구조물이 주로 이용되었다. 그러나 파도가 심한 해역에서는 시추선의 동요가 크고 가동률이 떨어져 운용에 부적합한 문제가 있다. 따라서 수심이 깊은 지역에서 운동응답이 적으면서도, 외력의 작용 면적이 감소하여 파도 중 작업 성능을 개선시킬 수 있는 반잠수식 구조물이 개발되었다. 1957년에 처음으로 반잠수식 구조물이 등장한 이후 운동성능과 작업성능이 우수하여 많은 수가 건조되었다.

반잠수식 구조물(그림 3.1)은 크게 부력을 담당하는 하부구조물, 각종 작업을 수행하는 상부구조물, 하부와 상부를 연결하는 수직기둥인 칼럼(column)으로 구성된다. 하부구조물은 일반적으로 평형수 탱크(ballast tank)로 사용되고, 칼럼은 평형수 탱크나 연료유(fuel oil) 또는 생활에 필요한 청수(fresh water) 등을 저장하는 탱크로 사용되며, 상부구조물에는 시추라이저가 해저로 내려가기 위한 문풀(moon pool, 그림 3.2), 시추라이저 등 각종 파이프를 조립하기 위한 트러스 구조의 데릭, 파이프 조립 및 보급선으로부터 물자를 옮기기 위한 크레인 등 시추를 위한 각종 장비들과 작업자들의 생활공간 등이 설치된다.

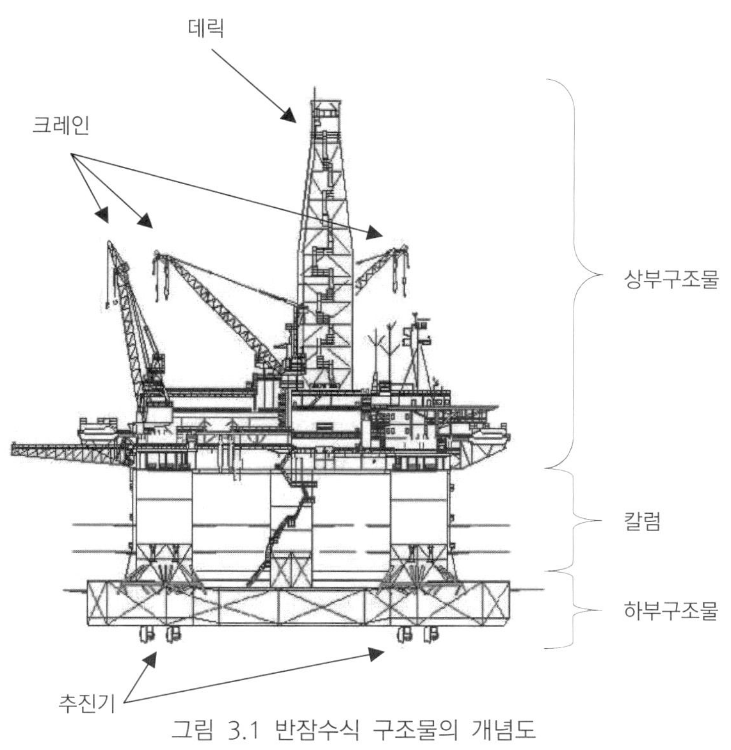

그림 3.1 반잠수식 구조물의 개념도

그림 3.2 문풀(moon pool)

그림 3.3 lower hull type 반잠수식 구조물[출처:http://www.ikonet.com]

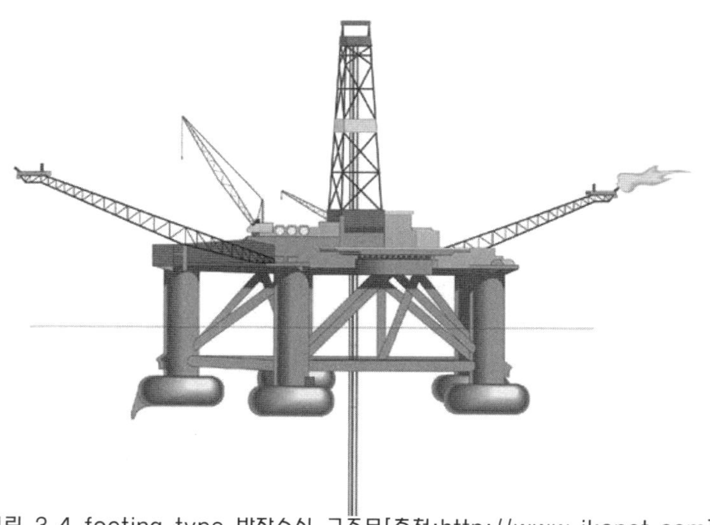

그림 3.4 footing type 반잠수식 구조물[출처:http://www.ikonet.com]

반잠수식 구조물은 하부구조물의 형태에 따라 일반적인 선박 또는 잠수함과 유사한 lower hull type(그림 3.3)과 각 칼럼하부에 직경 10 m의 부체를 설치한 footing type(그림 3.4)이 있다. Lower hull type은 2개 내지 3개의 각 부력 몸체 위에 직경 약 3~10 m의 칼럼을 2~4개(총 4~8개)를 설치하여 상부구조물을 지지하는 형식이며,

파도에 따른 동요가 작고 이동 시 전진 저항이 작은 장점이 있어서 최근에 건조되는 반잠수식 구조물은 lower hull type 이 주류를 이루고 있다.

Footing type은 각 칼럼마다 독립된 부력 몸체를 설치하여 칼럼 사이를 트러스 구조의 보강재로 연결한 후 상부구조물을 지지하는 방식이다. Footing type은 각 칼럼이 독립적인 부유체를 가지고 있기 때문에 파도에 따른 운동량이 모든 방향으로 균일하여

그림 3.5 자항 중인 반잠수식 구조물

그림 3.6 데크 바지에 의해 이동 중인 반잠수식 구조물

그림 3.7 시추 작업을 위해 흘수를 낮춘 반잠수식 구조물

위치 유지가 쉽고, 상하동요(heave) 또한 작다는 장점을 가지고 있어 초기에는 footing type이 주로 적용 되었다.

반잠수식 구조물은 이동 시에는 하부구조물의 부력을 이용해 자체 추진기로 이동하거나(그림 3.5) 예인선 또는 데크 바지를 이용하여 이동한다(그림 3.6). 작업 목적지에 도착하면 하부구조물과 칼럼 일부에 평형수를 채워 반잠수 상태로 작업을 진행하며(그림 3.7), 이때의 흘수는 상부구조물의 갑판 위로 파도가 미치지 않는 높이이다.

파랑 중에 안전하게 시추 작업을 하기 위해서는 구조물이 유정으로부터 일정한 허용 범위 내의 위치해야 하는데, 보통 체인 또는 와이어를 이용한 계류시스템을 이용하거나 추진기(thruster)를 연동하는 방식을 사용한다. 이때 추진기와 연동하여 위치를 유지하기 위해서는 동적위치제어시스템(DPS, Dynamic Positioning System, 그림 3.8)이 반드시 설치되어야 한다. 또한 굴착 작업에 주된 영향을 미치는 상하 동요를 제약하기 위해 상하동요의 고유주기는 파랑주기보다 길게 설계되어야 하고 진폭도 일반 선박의 절반 이하로 설계되어야 한다.

반잠수식 구조물은 반잠수 상태에서 시추 작업을 진행하므로 칼럼들만 수면 위로 돌출 되어 있다. 따라서 외력의 작용 면적이 감소하여 파랑 중 운동성능이 크게 개선되며, 앵커(anchor, 닻)나 체인 그리고 동적위치제어시스템을 함께 사용 할 수 있어 별도의 구조물 설치 없이도 깊은 수심에서 작업 위치를 유지 할 수 있고, 기상악화에 따른 가동제한도 적다. 반잠수식 구조물은 구조상으로 안정하다고 할 수 있으나, 갑판 면적에 비해 수선면적이 작으므로 많은 양의 화물을 적재 할 경우 악천후 시 일시적으로

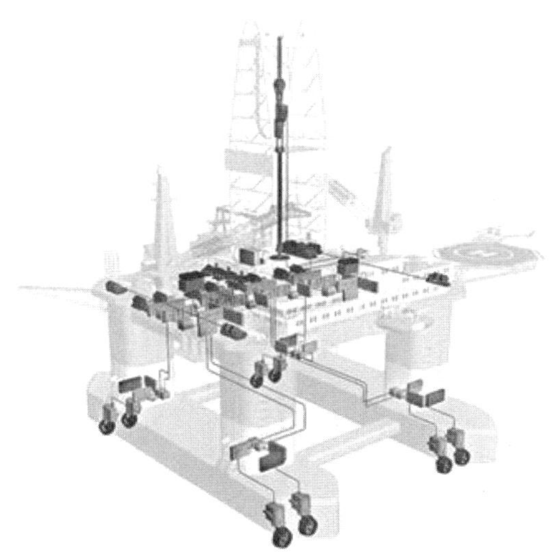

그림 3.8 동적위치제어시스템의 개념도

불안정한 상태가 될 가능성이 있다. 이로 인해 실제로 큰 전복사고가 발생한 적도 있으니 충분한 주의가 필요하다(그림 3.9). 또한 동적위치제어 시스템을 비롯한 복잡한 장비를 사용하기 때문에 건조비와 운영비가 많이 드는 단점이 있다. 반잠수식 구조물은 대형화가 용이하고 갑판면적이 넓어 대형 해상크레인이나 군사목적용, 해상인공위성발사대 등 다양한 용도로 사용 된다(그림 3.10~12).

그림 3.9 반잠수식 구조물의 침몰사례

그림 3.10 군사용 목적으로 미국이 개조한 반잠수식 구조물인 X-band radar 'SBX'

그림 3.11 인공위성 발사 목적의 반잠수식 구조물인 'sea launcher '의 모습

그림 3.12 반잠수식 구조물 형태의 대형 해상크레인 'Hermod'의 모습

3.2 SPAR 구조물

SPAR 구조물은 거대한 원통형 수직 부이(buoy)의 형태를 지닌 구조물이다(그림 3.13). 이러한 형태를 가진 SPAR 구조물은 흘수가 매우 크기 때문에 파도에 의한 상하동요 응답이 매우 작은 장점이 있으며, 하이브리드 구조물인 TLP(Tension Leg Platform, Chapter 4 참조)과 같이 인장각(tension leg)을 이용하여 구조물을 계류하거나, 체인 또는 와이어를 이용하여 현수선(catenary) 방식으로 계류한다(그림 3.14). 그러나 TLP와 달리 원통형 몸체의 하부에 keel tank(또는 fixed ballast tank), 마찬가지로 원통형 몸체의 상부에 부력 공간을 가지고 있어 보다 안정적인 운동성능을 보유하고 있다.

그림 3.13 SPAR 구조물

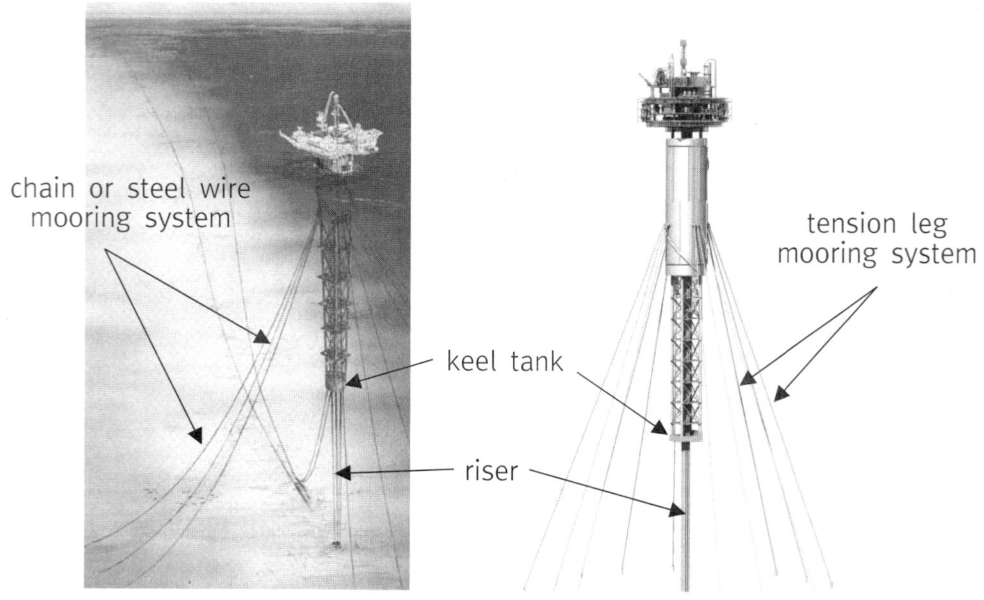

그림 3.14 현수선 방식 계류(좌)와 인장각(tension leg) 방식 계류(우)

그림 3.15 라이저 텐셔너의 개념도와 실제 모습

SPAR 구조물은 형태 자체가 원통형이라 시추 라이저를 보호 할 수 있고, 상하동요 또한 작기 때문에 라이저에 작용하는 장력 변화가 작다. 따라서 별도로 시추 라이저의 좌굴을 피하기 위한 장력 유지 장치인 라이저 텐셔너(riser tensioner, 그림 3.15) 등을 설치하지 않아도 작업이 가능하다. 또한 원통형 몸체 공간을 활용하여 평형수 탱크 외에도 원유저장 탱크를 설치할 수 있다. 이러한 장점들로 인해 초기에 원유 저장용으로 많이 사용되었던 SPAR 구조물은 이후 점차적으로 시추 및 생산용으로 용도가 확대되었다.

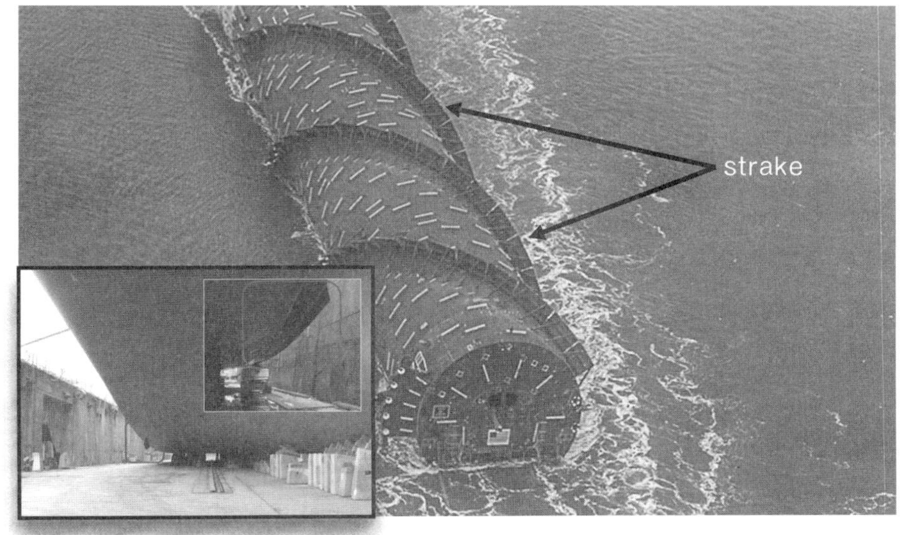

그림 3.16 선박의 빌지 킬과 SPAR 구조물의 strake의 모습

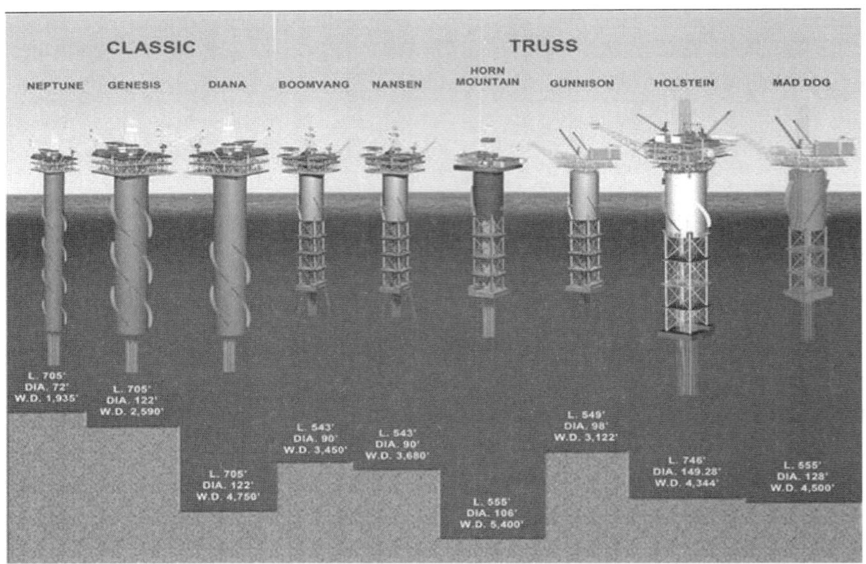

그림 3.17 'Technip' 사에서 구분한 SPAR 구조물

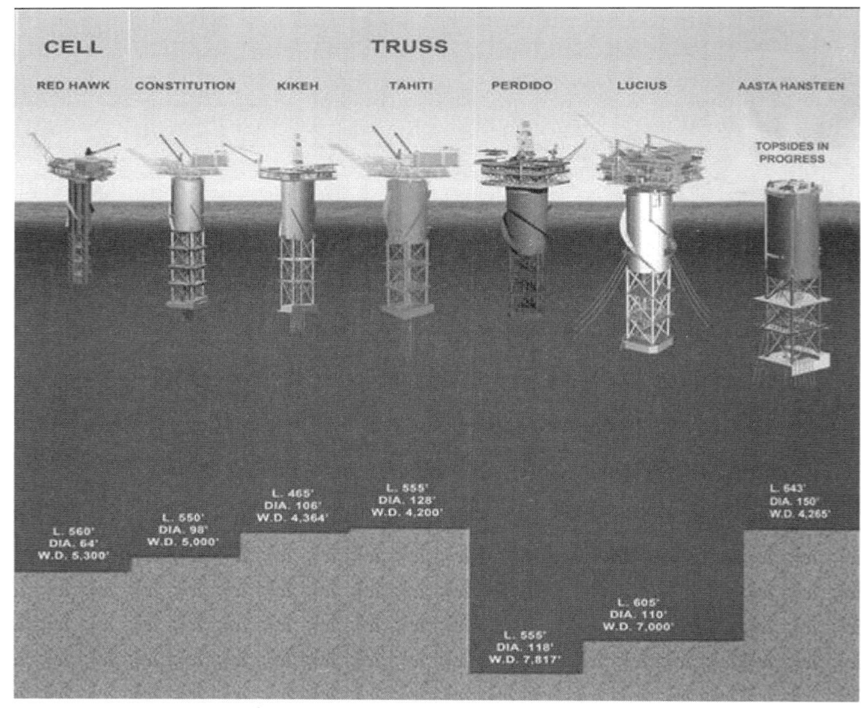

그림 3.17(계속) 'Technip' 사에서 구분한 SPAR 구조물
[자료출처:http://www.technip.com/]

SPAR 구조물은 크게 원통형 몸체, 상부구조, 시추 라이저, 계류장치(mooring system)로 구분된다. 원통형 몸체는 강재 또는 콘크리트로 제작되며, 몸체 바깥쪽에는 과도한 구조응답과 와류에 의한 진동 방지를 위해 나선 형태로 strake가 부착되어 있다. Strake는 선박의 빌지 킬(Bilge keel)과 같이 구조물의 횡동요를 방지하는 역할도 한다(그림 3.16). 원통형 몸체는 그 형태에 따라 3가지(classic, truss, cell spar)로 나누어진다(그림 3.17).

그림 3.18 'Kerr-McGee' 사의 Red hawk 건조 모습(상)과 설치 후의 모습(하)

그림 3.19 설치해역으로 예인 중인 원통형 몸체

Classic type SPAR 구조물은 상부 구조물을 지지하는 부분부터 몸체 하부의 keel tank까지 모두 원통형의 강재로 구성되어 있는 반면, truss type은 몸체의 중간부 부터 keel tank까지는 트러스 구조로 연결되어 있다. Cell type은 원통형 몸체를 중심으로 그 주변을 중심 몸체보다 직경이 작은 cell이 둘러싸고 있는 형태로써, 멕시코 만에 설치된 red hawk(그림 3.18) 이후 건조되지 않았다. SPAR 구조물이 원유 저장용도로 사용되던 초기에는 classic type이 주류를 이루었다. 그러나 SPAR 구조물의 용도가 시추 및 생산용으로 확대되고, FSO나 FSU의 출현으로 많은 저장 공간이 필요하지 않게 되면서 truss type SPAR 구조물이 주로 사용 되고 있다. Truss 형태는 classic 형태와 비교 하였을 때 중간부 부터 keel tank까지 외력을 받는 면적이 작고, 구조물 자체의 중량이 경량화되는 장점이 있다.

SPAR 구조물은 육상에서 원통형 몸체를 제작한 뒤 자체 부력을 이용해 예인할 수 있으며(그림 3.19), 데크 바지에 의해 목적지로 이동하는(그림 3.20) 기존의 방식 또한 사용 할 수 있다. 목적지에 도착하면 원통형 몸체의 하부에 있는 keel tank에 평형수를 채워 수직으로 세워 계류 장치로 고정한다. SPAR 구조물은 90% 이상이 물에 잠기게 되므로 무게중심을 여타의 구조물 보다 낮추어야 안정성이 확보된다. 따라서 원통형 몸체 상부에 충분한 부력을 부여하기 위해 속이 빈 hard tank로 구성되며, 몸체의 하부에는 keel tank에 채웠던 평형수를 빼고 해수보다 비중이 큰 재료(fixed ballast)를 채워 넣는다.

그림 3.20 데크 바지에 의해 설치해역으로 이동 중인 원통형 몸체

3.3 드릴쉽

드릴쉽은 이름 그대로 시추(drilling)가 가능한 선박(ship)을 의미한다. 선박과 같은 형태의 선체에 시추용 장비인 데릭과 보조를 위한 크레인, 데릭 하부에 라이저가 해저로 내려가기 위한 문풀 등이 설치되어 있다(그림 3.21~22). 드릴쉽은 자체적으로 추진기를 가지고 있으며 파나마 운하나 수에즈 운하를 통과할 수 있는 정도의 크기를 가지는데, 이는 한 지점에서의 시추작업이 끝나면 세계 각지의 수요에 대응하기 위해 이동 경제성을 높이기 위함이다.

드릴쉽은 시추에 필요한 각종 장비들을 설치하고 작업공간을 최대로 확보하기 위해 선수와 선미의 갑판면적을 확대한 것이 특징이며, 구조적으로 선박과 같은 형태를 취하고 있어 복원성과 구조안정성이 검증되어 있다. 또한 갑판면적과 배수량이 커서 화물적재량의 변동을 쉽게 수용할 수 있어서 빈번한 보급의 필요성이 없다. 그러나 파도가 높은 해역에서는 동요가 커서 운동성능이 좋지 못하기 때문에 다른 구조물들에 비해 가동률이 낮다.

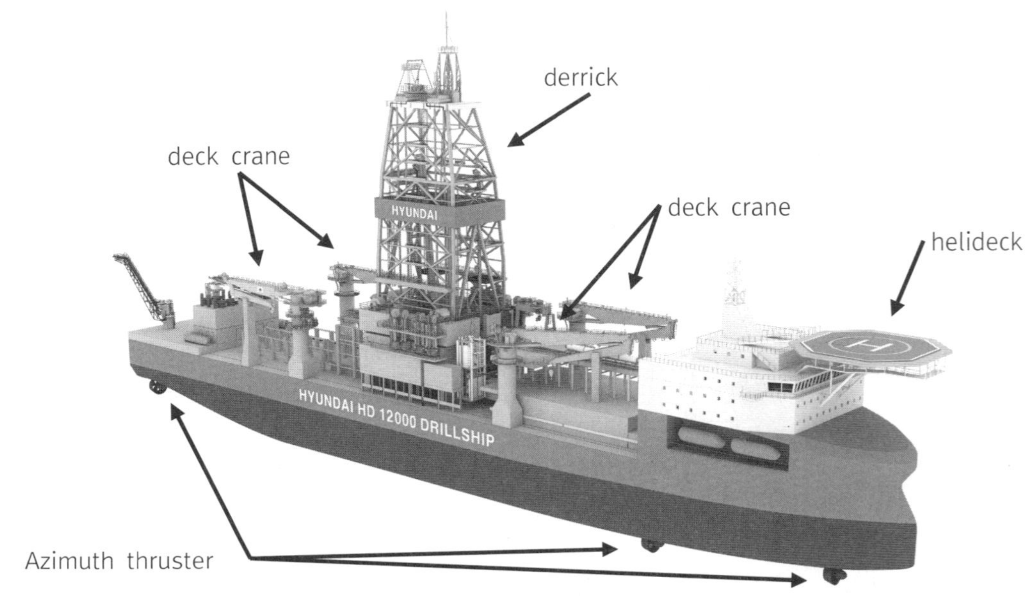

그림 3.21 드릴쉽 개념도

그림 3.22 드릴쉽의 내부에 있는 문풀(moon pool)

그림 3.23 다점계류를 이용하는 드릴쉽의 선수부 모습

드릴쉽은 시추작업 시 위치유지를 위해 여러 개의 앵커(anchor, 닻)를 이용하는 다점계류(그림 3.23) 또는 터렛계류(turret mooring, 그림 3.24~25)를 사용하거나 반잠수식 구조물과 같은 동적위치제어시스템를 이용한다. 다만 반잠수식 구조물과 달리 풍압 및 수중 단면적이 작아 동적위치제어시스템에 사용되는 추진기의 용량에 구애 받지 않는 특징이 있다.

다점계류는 선수부와 선미부에 각각 4~6개의 계류라인으로 위치를 고정하는 방식으로 비교적 수심이 얕은 곳에서 쓰이나 현재는 거의 사용하지 않는 방식이다. 그리고 터렛계류는 8~12개의 계류 와이어나 체인이 터렛 내부에 설치되어 윈치에 의해 팽팽하게 당겨져서 선박의 위치 및 자세를 제어한다.

터렛은 내구성이 강한 롤러 베어링이 부착되어 선체 내부(internal type) 혹은 외부(external type)에 설치되며, 계류 와이어 및 라이저가 회전하지 않도록 터렛 내부를

그림 3.24 드릴쉽의 터렛장비 설치 전(좌)과 설치 중(우)인 모습

통해 해저로 내려가게 된다. 드릴쉽의 경우 선체의 동요가 가장 적은 선체 중앙부에 라이저가 내려가는 데릭이 설치되어 있기 때문에 internal type으로 설치되어야 하며, 조류나 풍향에 따라 회전이 가능하도록 하여 계류라인에 걸리는 장력을 감소시킨다.

터렛계류는 보통 동적위치제어시스템과 함께 사용되며, 바람, 파도, 조류 등 외력의 변화에 따라 연계된 전방위 추진기(Azimuth thruster, 360도 회전이 가능한 추진기, 그림 3.26)를 사용, 자동으로 회전하게 하여 선체를 유정(well) 바로 위쪽에 위치할 수 있도록 해준다.

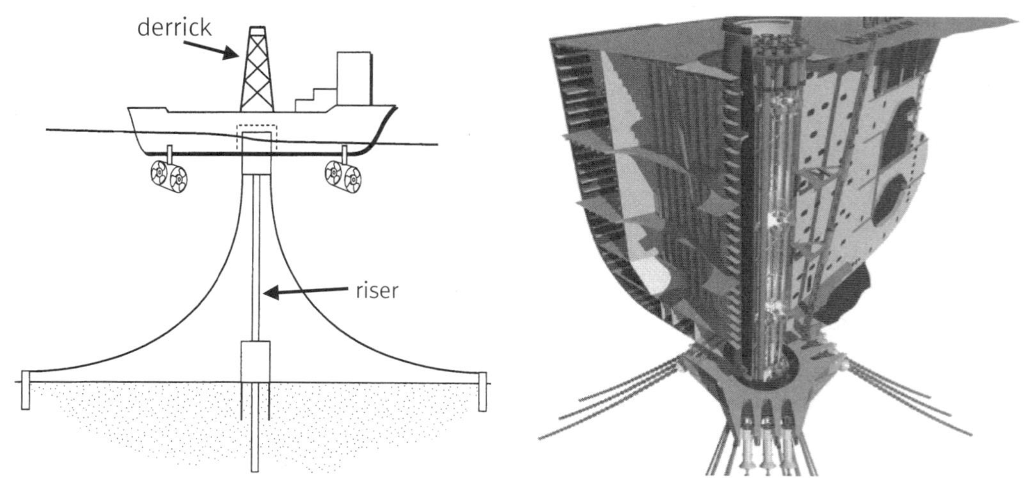

그림 3.25 드릴쉽의 터렛계류 개념도(좌)와 터렛장비의 3D모델(우)

그림 3.26 Azimuth thruster의 모습

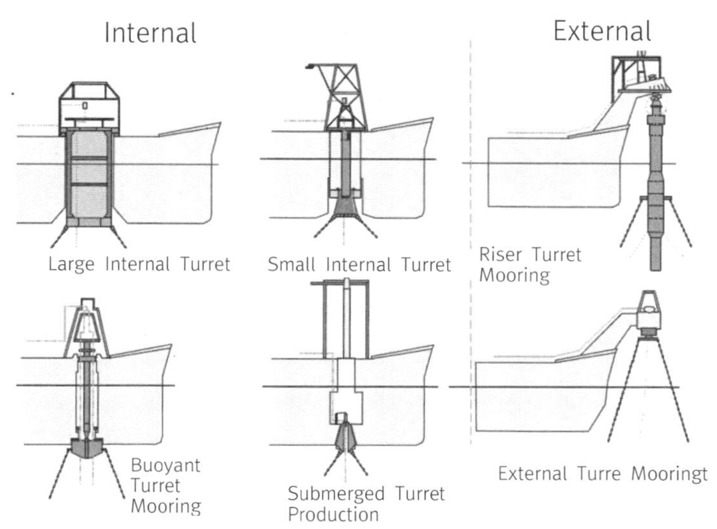

그림 3.27 터렛 장비 및 설치에 따른 분류

그림 3.27는 터렛 장비(turret module)의 종류와 설치에 따른 분류이다. Internal type의 경우 external type보다 선체의 중앙부에 가깝게 설치되기 때문에 선박 자체의 자세제어가 용이하지만 선체 내부에 설치되므로 주변 공간을 확보하기에는 어려움이 따르며, external type의 경우는 주변 공간에 대한 제약은 없어지나 자세 제어에는 큰 효과가 없고 계류장치 자체의 역할인 위치 유지 기능만 한다. 하지만 external type의 가장 큰 장점은 기상이 악화 될 경우 분리가 가능하다는 점이다.

그림 3.28 최초의 극지용 드릴쉽인 'Stena' 사의 'Drillmax'

드릴쉽은 동적위치제어시스템(DPS)을 사용하기 때문에 수심에 대해 큰 영향을 받지 않아 심해에서도 작업이 가능하고 우수한 이동 성능으로 세계 각지에서 활동이 가능하다. 특히 기후조건이나 자연환경의 제약으로 짧은 기간에 시추작업을 마쳐야 하기 때문에 다른 구조물로는 작업이 어려운 브라질 근해와 같은 심해저나 인도네시아, 호주 연안 등이 주요 활동지이다. 근래에는 여름이 짧은 북극해와 같은 빙해역에서의 활동이 빈번해지고 있어 극지용 드릴쉽(그림 3.28)도 건조되고 있다.

3.4 FPSO

FPSO는 Floating Production Storage and Offloading의 약자로, 다른 시추 및 생산구조물들과 달리 생산(production), 저장(storage), 하역(offloading) 기능을 함께 가진 부유식 석유 생산 구조물이다(그림 3.29). 일반적으로 선박과 같은 형태를 지닌 선체(그림 3.30) 혹은 상자형(box type) 선체(그림 3.31)를 가지고 있다. 이러한 형태는 유정에서 채굴한 원유에서 물과 가스 등 불순물을 분리하는 장치와 셔틀탱커(shuttle tanker)로 하역하는 장치 등 각종 장비와 생산된 석유의 저장 공간을 갖추기 위함이며, 상자형 선체의 경우 항해 목적이 아니기 때문에 엔진룸 등의 설비공간보다 더 많은 저장 공간을 확보하기 위함이다. 그림 3.29는 일반적인 FPSO에 탑재되는 장비들의 위치를 보여주는 그림이다. 선수부터 차례대로 선원들이 생활하는 거주 공간과 선박의 통제실인 선교가 있고, 계류 장비인 터렛, 유정의 압력을 일정하게 유지하기 위한 water injection, 채굴된 원유로부터 물을 분리하기 위한 1차 분리 장치, 각종 장비에 냉각수 공급을 위한 펌프장비, 1차 분리장치에서 잔존된 물을 분리하는 2차 분리장치, 선원들의 생활 또는 각종 장비에 필요한 전기를 생산하는 발전 시설, 발전시설 또는 유정의 압력유지 및 생산 외에 남은 가스를 없애는 플레어 타워, 생산 및 저장된 제품을 셔틀 탱커로 하역하기 위한 장비들이 있는 선미부의 갑판을 보여주고 있다. FPSO의 경우 기상상태가 좋을 때만 작업 구역으로의 이동이 가능한데, 그 이유는 석유제품 생산을 위한 장비들이 상갑판(upper deck)상에 있어 기본적인 무게중심이 일반 상선에 비해 높은 뿐더러, 선체 내부에 있는 탱크는 거의 대부분이 원유나 원유로부터 생산된 제품을 저장하기 위한 용도이므로 최소한의 평형수 탱크만을 가지기 때문이다.

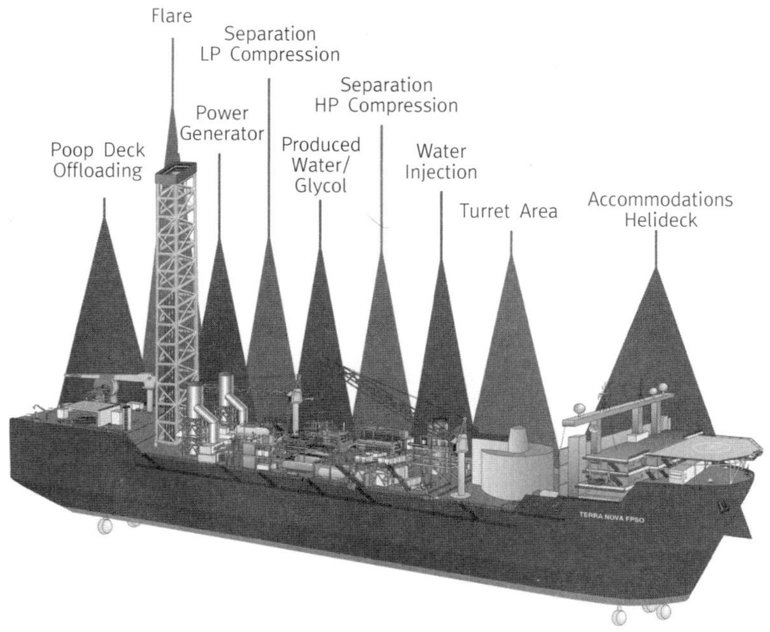

그림 3.29 FPSO 개념도

그림 3.30 각종 장비들을 탑재하기 전 시운전중인 FPSO의 선체

그림 3.31 상자형 선체를 가진 FPSO의 모습

그림 3.32 하역 중인 FPSO의 모습

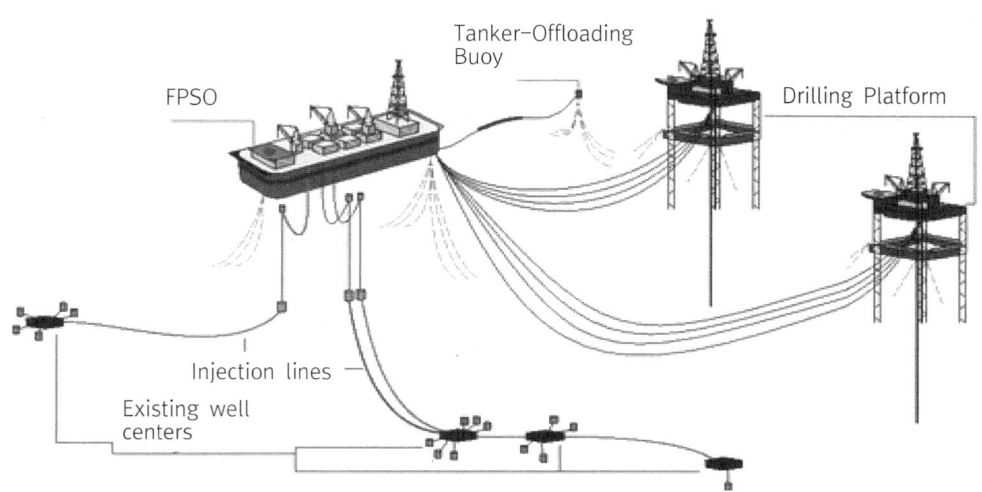

그림 3.33 FPSO와 주변 시설의 연계도

보통 FPSO는 다른 해양구조물과 연계되어 사용된다(그림 3.33). 반잠수식 구조물이나 드릴쉽 등 시추 구조물이 유정을 발견하여 FPSO가 원유를 채굴하게 되면 육상 석유 정제시설까지 채굴된 원유를 이동시키지 않고도 기본적인 석유 제품의 생산이 가능하기 때문에 현재 석유 및 가스 생산 해양플랜트 가운데 가장 주목받는 구조물이다.

선박과 같은 형태를 지닌 구조물이 파도가 높은 해역에서 운동성능이 좋지 않은 문제점은 동적위치제어시스템 또는 터렛계류를 통해 해결한다. 초대형인 FPSO의 터렛장비(그림 3.34)는 드릴쉽보다 많은 계류라인이 설치되기 때문에 대형이지만 위치에 구애받지 않는 특징이 있다.

근래에는 internal type보다는 더 많은 저장 공간의 확보를 위해 external type(그림 3.27)이 채용된다. external type은 태풍 등으로 인해 기상이 악화되면 분리하고 기상조건이 다시 좋아지면 계류할 수 있는 장점이 있다. 분리형 터렛장비(disconnectable turret, 그림 3.35)는 부이식(buoy type, 그림 3.36)과 수심이 얕은 경우 자켓 구조물 등을 사용한 착저식(그림 3.37)이 있다.

동적위치제어시스템과 터렛계류를 사용하기 때문에 수심의 영향을 거의 받지 않아 주로 심해에서 사용되는 FPSO는 기본적인 석유 관련제품 생산 방식과 달리 육상 설비를 필요로 하지 않기 때문에 투자비용이 적게 들고 석유 관련 제품의 조기생산이 가능하므로 투자비용회수까지의 기간이 짧다는 장점이 있다. 최근에는 FPSO와 같이 복합적인 기능을 가진 구조물 중에서 생산과 저장, 하역 또는 운송과 관련된 특수기능을 더하거나 생략한 형태로 다양한 구조물들이 등장하여 다음과 같이 소개한다.

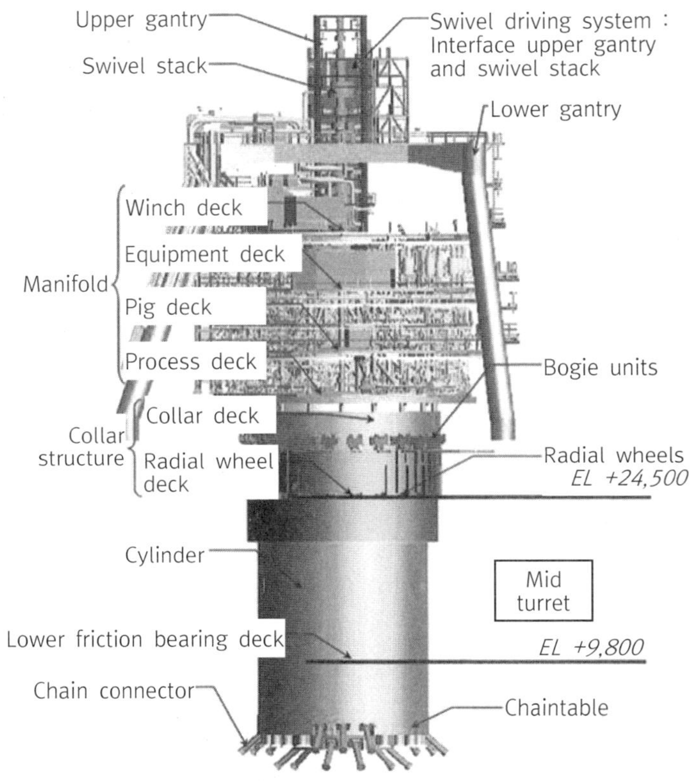

그림 3.34 FPSO에 사용되는 터렛의 구조

그림 3.35 계류를 위해 터렛장비를 연결중인 FPSO의 모습

그림 3.36 부이식 터렛계류의 개념도와 실제 모습

그림 3.37 착저식 터렛장비에 계류 중인 FPSO의 모습

그림 3.38 'Maersk' 사의 FSO인 'Asia' 의 모습

(1) FSO(Floating Storage and Offloading system)

FPSO과 비교할 때 생산(Production) 기능이 없다. 즉, 상갑판 위에 Topside라고도 불리는 원유 정제 설비가 없는 경우이다. FSO는 원유를 채굴할 수 있는 장비를 탑재한 시추 구조물과 연계되어 사용되며, 채굴된 원유를 잠시 저장하고 있다가 셔틀탱커로 인계하는 역할을 담당한다. FSO는 제품 생산보다는 원유 저장이 주목적이기에 FPSO와 마찬가지로 최소한의 평형수 탱크를 갖는다. 일반적인 유조선과 유사한 형태를 지녔으며, 새로이 건조되기도 하나 오래된 유조선을 개조하는 경우도 빈번하다(그림 3.38).

(2) FPU or FPS(Floating Production Unit or System)

FPSO와 비교할 때 저장(Storage), 하역(Offloading) 기능이 없다. 채굴된 원유에서 불순물을 분리하고 가스나 석유 제품을 생산하는 것만이 가능한 구조물을 뜻한다. 저장 기능이 없기 때문에 FSO와 연계하거나, 육상으로 수송파이프를 설치하여 사용된다. 이와 같이 FPU에 저장 설비와 하역 설비가 없는 이유는 새로이 건조하는 것이 아니고 거의 대부분이 기존에 사용하던 시추 구조물 또는 선박을 개조하여 사용되기 때문이다. 기존에 사용되던 선박을 개조 또는 반잠수식 구조물 위에 석유제품 생산 설비를 갖춘 것이기 때문에 다양한 형태 및 크기가 존재한다(그림 3.39~40).

그림 3.39 선박을 개조한 FPU의 모습

그림 3.40 반잠수식 구조물을 개조한 FPU인 'Petrobras' 사의 'P-55'

그림 3.41 'Shell Tankers UK' 사의 FSU인 'Fulmar

(3) FSU(Floating Storage Unit)

FPSO에서 저장(Storage) 기능만 있는 구조물이다. 유조선과 유사하다고 할 수 있으나 해상에 고정적으로 부유한 상태라는 점이 다르다. 셔틀탱커가 매번 이동하는 것 보다 육상의 기지와 Pipe를 연결한 채 주변의 FPU나 FSO와 연계하여 사용하는 것이 이득이라고 판단할 경우나, 셔틀탱커가 운송하는 양보다 생산량이 많을 때 임시적으로 다른 생산 구조물과 연계되어 사용된다(그림 3.41).

(4) LNG-FPSO or FLNG(Floating Liquefied Natural Gas plant)

원유 대신 천연가스(LNG, Liquefied Natural Gas)를 대상으로 하는 FPSO이다. FPSO와 역할은 같으나, 원유가 아닌 LNG이므로 LNG 생산설비와 초저온 액화설비, 저장설비, 하역 설비를 갖추었다. 간략하게 표현하면 초대형 LNG선에 육상의 기화 시설, 공급 시설을 탑재했다고 할 수 있다. 육상 플랜트를 활용하는 기존의 방식에서는 채굴 후 육상으로 파이프라인을 연결하여 액화, 저장 단계를 거쳐 다시 수출용 LNG선에 옮겨 수송하게 된다. 그러나 LNG-FPSO는 생산, 액화, 저장을 한꺼번에 처리하여 바로 수출용 LNG선으로 하역이 가능하기 때문에 시간과 비용을 대폭 절감할 수 있고, 한 지점에서의 생산이 끝나면 다른 가스전으로 이동할 수 있어 '바다 위의 LNG공장'이라 불리기도 한다(그림 3.42~43).

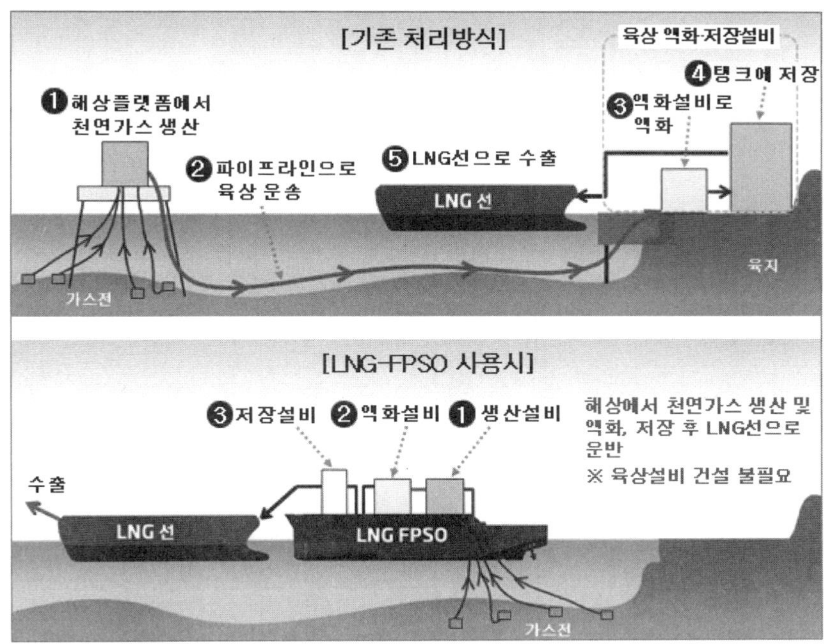

그림 3.42 LNG-FPSO의 이점

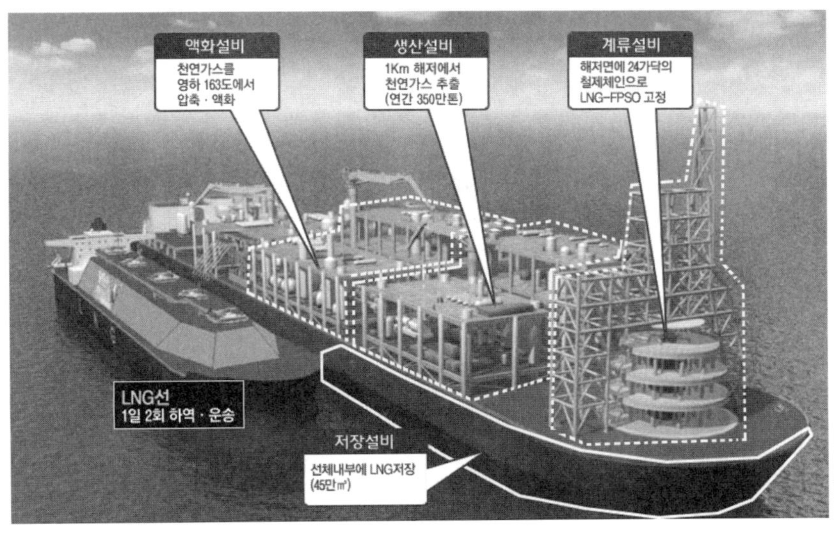

그림 3.43 LNG-FPSO의 개념도

그림 3.44 세계최초로 진수식을 치룬 '로열더치셸' 사의 'Prelude'
[자료출처 : www.reddit.com]

덧붙여서 원유 FPSO와 비교해 보면 일반적인 유조선과 LNG선의 기술력이 다른 것과 같이 원유 FPSO보다 훨씬 더 높은 기술력을 요구하며, 기존의 해저 천연가스뿐만 아니라 최근 들어 주목받고 있는 셰일가스에 대해서도 생산기술이 개발됨에 따라 FLNG에 대한 관심이 증대되고 있다. 우리나라의 경우 세계 최초로 FLNG선을 진수 한바 있으며(그림 3.44), 2014년을 기준으로 FLNG선은 모두 국내 조선업체가 수주하였다.

(5) FSRU(Floating Storage and Re-gasification Unit)

FSRU는 기존 LNG선과 육상의 LNG저장기지의 기능을 합친 것으로써 채굴된 LNG를 액화시켜 저장이 가능하고, 재기화(Re-gasification)시키는 설비를 갖춘 부유식 구조물이다.

FSRU와 FLNG와는 확연한 차이점이 있다. FLNG가 생산된 가스를 액화하고 저장 및 하역하는 구조물이라면, FSRU는 육상에 있는 가스 저장 및 공급 기지를 선박에 탑재하여 해상으로 옮긴 것 이라고 말할 수 있다. 즉, LNG선이나 수송파이프로 공급받은 가스를 재기화하여 다시 파이프를 통해 육상의 소비자에게 공급하는

그림 3.45 LNG선을 개조한 FSRU의 모습

구조물이다. FSRU는 보통 LNG선을 개조하여 사용되며, FLNG와 함께 근래에 주목받고 있는 구조물이다(그림 3.45).

3.5 기타 해양구조물

위에서 소개한 구조물 이외에도 여러 종류의 해양구조물이 있다. 본 장에서는 근래에 북해항로가 개방되면서 주목받는 쇄빙선(碎氷船, ice breaker)과 부유식 해양구조물 중 가장 기초라고 할 수 있는 폰툰(pontoon)에 대해서 소개한다.

(1) 쇄빙선(Ice breaker)

알래스카, 캐나다 북부 그리고 시베리아 북부 연안지방을 포함하는 북극해 지역은 석유와 천연가스 등 각종 천연자원이 풍부하게 매장되어 있다. 더욱이 1970년대

그림 3.46 부산-로테르담 항해 비교

이후, 북극 자원 개발이 활발해지면서 채굴한 자원의 수송과 저장을 위한 배후 거점 도시들이 북극해 연안을 따라 발달하고 있다. 또한 이들 지역과 동아시아, 북미, 유럽 등 중위도 소비지역을 연결하는 연안 항로로 북극해 항로가 개설되어 있고, 최근에는 이 항로가 동아시아와 대서양의 서유럽 국가를 연결하는 최단 항로로 그리고 범세계적인 무역 루트로도 활용되고 있다(그림 3.46).

1991년 소련이 붕괴되고 북극해 항로를 공식적으로 대외 개방하면서, 북극해 항로는 북유럽과 동아시아의 주요 경제지역을 연결하는 최단 항로로서 거리 및 시간을 단축하여 운항비용 절감을 기대할 수 있다는 점에서 큰 관심을 받고 있다.

지금까지 북극해에서의 원유 또는 제품 운송은 쇄빙선과 내빙 상선이 선단을 이루어, 쇄빙선(그림 3.47)이 앞에서 얼음을 깨면 내빙 상선이 그 뒤를 따라 깨진 얼음을 헤쳐 가며 전진하는 방식이었다(그림 3.48). 이러한 방식은 각각 다른 기능의 선박 2척이 동시 투입돼야 한다는 점에서 경제성이 떨어졌으나 최근 개발된 쇄빙 상선은 별도의 쇄빙선의 도움을 받을 필요 없이 독자적으로 얼음도 깨고 제품을 운송하는 전천후 선박이다.

쇄빙선이 얼음을 깨뜨리는 원리는 무언가를 파괴하기 위해 하중을 주는 것처럼, 쇄빙선이 빙판에 올라타 선박의 하중으로 얼음을 깨뜨린다. 따라서 얼음에 올라탈 수 있도록 쇄빙선의 선수부는 해수면과 이루는 각도가 일반 선박에 비해 훨씬 작

그림 3.47 빙해역을 항해중인 국내최초의 쇄빙선 '아라온' 호

그림 3.48 쇄빙선단의 모습 (선두 : 쇄빙선, 후미 : 내빙 상선)

은 20도 정도로 설계되어지며, 이러한 작은 선수각은 깨진 얼음조각을 물속으로 밀어 넣거나 선체 좌우측으로 밀쳐 내는 데도 유리하다. 또한 뱃머리가 얼음을 깨뜨리는 능력을 높이기 위해 무게중심이 선수에 오도록 설계한다. 따라서 선수는 아주 두꺼운 강철판으로 무겁게 만들며 선실도 주로 앞쪽에 배치된다. 그러나 배

가 빙판 위로 너무 올라서 빠질 수 없게 되는 경우를 방지하기 위해 선수 선저부에는 쇄빙선이 얼음판 위로 완전히 올라설 수 없도록 하는 장치인 Ice knife(또는 Bow stopper, 그림 3.49)가 설치된다. 그림 3.50와 3.51은 쇄빙선이 얼음을 깨는 원리는 나타내는 그림이다.

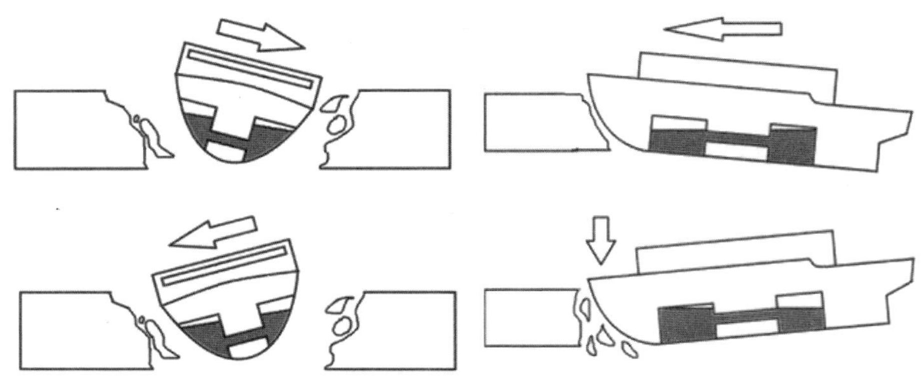

그림 3.49 쇄빙원리의 개념도

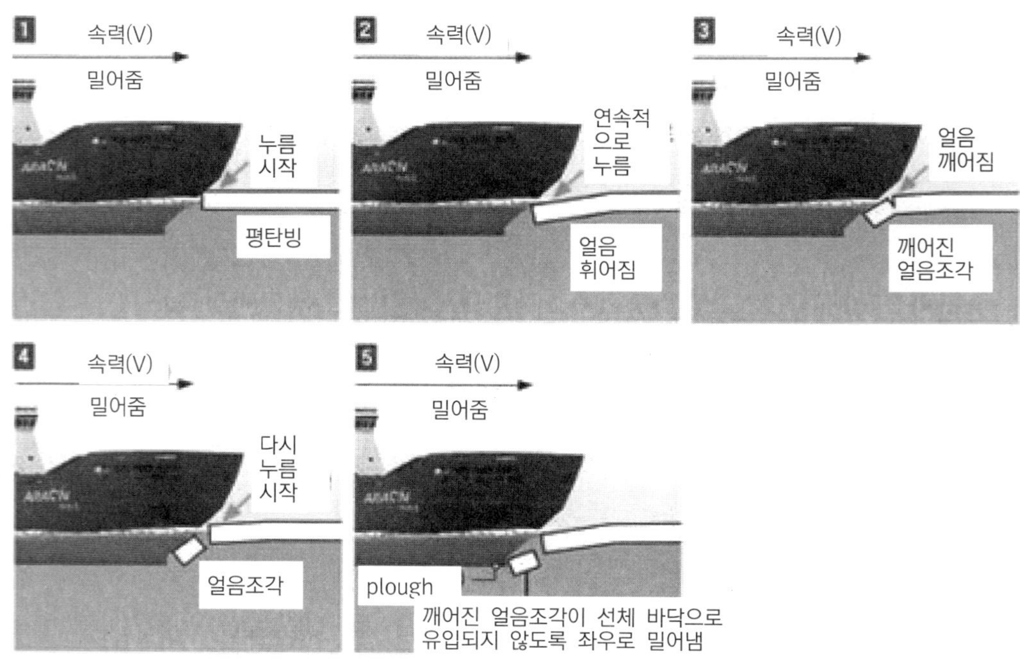

그림 3.50 '아라온' 호의 쇄빙원리

그림 3.51 선수부의 ice knife

그림 3.52 날씬한 형상의 쇄빙선(USCG Icebreaker)

선두에서 쇄빙선단의 길을 뚫어주어야 하는 일반적인 쇄빙선은 선수부의 형상이 넓은 항로를 뚫어주기 위해 넓은 폭을 갖지만, 선미부는 깨어진 얼음 조각이 프로펠러에 끼지 않도록 하기 위해서 날씬한 형상을 갖는다(그림 3.52). 그리고 프로펠러는 공기나 기타 유체가 흐르는 구조물인 덕트 안에 설치되어 보호되는데, 원형 덕트(그림 3.53)는 효율을 떨어뜨리지 않으면서도 추력을 증가시킬 수 있도록 설계되어야 한다. 최근에는 프로펠러가 360도 회전하여 선체 전후좌우를 항해할 수 있게 하는 방식을 사용하여 조종성능이 향상 되었다. 쇄빙선은 옆면도 특수하게 설계되며, 얼음과 선체 사이의 마찰을 줄이기 위해 물이나 공기를 분사하는 장치가 있다(그림 3.54). 하지만 얼음에 의한 압력을 피할 수는 없는데, 이를 위해 얼음과 부딪히게 되는 부분을 특별히 튼튼하게 만든다. 그리고 연료 탱크와 같이 환경오염을 일으킬 수 있는 시설은 만약의 사고를 대비하여 모두 2중으로 설계된다.

그림 3.53 원형 덕트

그림 3.54 깨진 빙과의 마찰을 줄이기 위한 물분사 장치

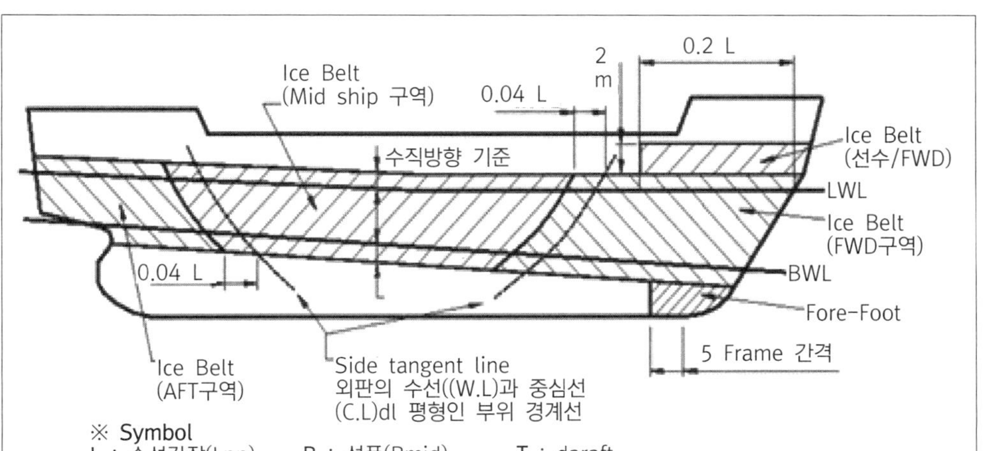

※ Symbol
L : 수선간장(Lpp) B : 선폭(Bmid) T : daraft
LWS : Load waterline(만재흘수선) BWL : ballst waterline

Ice Class	Forward				Midship		Aft	
	LWL 상부(m)		BWL 하부(m)		LWL 상부	BWL 하부	LWL 상부	BWL 하부
	선수 ~ 0.3 L	0.3 L~ mid	선수 ~ 0.3 L	0.3 L~ mid	(m)	(m)	(m)	(m)
ICE-1A, 1B, 1C	1	1.6	1	1.3	1	1.3	1	1
ICE-1A*	1.2	1.2	D/B or floor 하부	1.6	1.2	1.6	1.2	1.2
ICE-1A *F	1.2		D/B or floor 하부		1.2	1.6	1.2	1.2

쇄빙선(Ice Breaker)dp 대한 DNV 요구사항

1) 설계온도와 관련한 외부구조는 외판, 폭로갑판, Superstructure 및 Deckhouse에서 0.5 m 내의 Plate alc 보강구조를 포괄함
2) 선체의 빙하중에 따를 국부보강은 Bow 구역, Stem 구역, Bow side 구역, Midship 구역, Bottom 구역, Lower bow transltion 구역, Stern 구역 및 Upper transltion 구역으로 세분된다.
3) 선각부재의 강재재직은 당해 구조의 설계온도에 따라 결정됨, BWL 상부의 선체 외부구조는 운항제한이 없는 경우 최저 기준온도는 아래와 같다.

노출구조(Exposed structure)의 설계온도(Design temp.)

선급 Notation	설계 온도	상응한 최저 외기온도
POLAR - 10	-30℃	(-50℃)
POLAR - 20	-35℃	(-55℃)
POLAR - 30	-40℃	(-60℃)

그림 3.55 Ice class의 기본사항

쇄빙선의 항해에 있어서 가장 큰 위험요소로 작용하는 것이 빙맥(Ice Ridge)이다. 빙맥은 빙판이 바람과 조류에 의해 균열이 생겨 깨어지며 파괴된 얼음조각들이 서로 겹쳐져서 형성된 두꺼운 얼음이다. 쇄빙선은 항상 평평한 빙판만을 만나는 것이 아니며 이러한 빙맥은 쉽게 깨지지 않기 때문에 전진과 후진을 계속 반복하여 깨뜨려야 한다. 따라서 쇄빙선은 비교적 낮은 속도에서도 높은 출력을 내는 강력한 엔진을 필요로 한다. 엔진이 너무 뜨거워지면 작동을 못하므로 적정 온도를 유지시켜야 하며, 이를 위해 냉각수가 쓰인다. 하지만 쇄빙선이 항해하는 곳의 해상 기온은 영하 30도 이하로 떨어지는 곳이다. 따라서 쇄빙선에는 냉각수와 냉각수가 얼지 않도록 열을 가하는 장치가 함께 필요하다.

쇄빙선은 빙해역에서의 충돌, 좌초에 의한 해상오염을 방지하기 위해 설계와 운항 조건은 국제적으로 규정하고 있으며, 이를 'Ice class'라고 한다. 이러한 Ice class의 종류로는 POLAR(주로 러시아 북쪽 북극해 주변), Canadian, Northern Baltic (러시아의 원유수송관 때문에 최근에 그 중요성이 커짐)가 있으며, 적용받는 선박의 종류는 대표적으로 쇄빙선과 내빙상선이 있다.

쇄빙선의 경우 설계 시 고려해야 할 부분이 매우 많다. 예를 들어 선체구조의 경우, 선체가 받는 빙하중은 선수부가 가장 크며 선체의 측면부분도 빙판에 의해 압축응력(빙하중)을 받는다. 따라서 선박의 안전을 위해 선체와 빙이 맞닿는 부분(Ice belt)은 강건하게 설계 및 제작되어야 한다. 그림 3.55는 쇄빙선에서 ice belt zone과 DNV에서 규정한 쇄빙선 요구사항이다.

(2) 폰툰

폰툰(pontoon)은 부유식 구조물의 가장 기본이라 할 수 있는 구조물로써, 폰툰 자체만으로도 구조물의 역할을 수행할 수 있지만 대형의 부유식 구조물의 기초로도 사용된다. 폰툰의 사전적 의미는 목재, 강철재 또는 철근 콘크리트로 만든 상부 면이 평평하고 자체 이동능력이 없는 부유식 구조물이다. 즉, 전체적으로 강성이 우수하고 수밀성이 좋아 그 위에 중량물을 올려도 충분한 구조적 안정성과 부력을 가질 수 있는 구조물을 말한다(그림 3.56).

소형 폰툰의 경우 플라스틱이나 FRP(Fiber-Reinforced Plastic) 또는 알루미늄으로 제작하여 여러 개를 결합, 연결(그림 3.57)하여 사용하고, 대형 또는 무거운 중량의 설비를 필요로 할 경우 충분한 강도를 갖추기 위해 철근 콘크리트나 강재를 이용한다.

그림 3.56 일반적인 폰툰의 3D 모델

그림 3.57 소형 폰툰들을 결합한 계류시설

부유식 구조물인 폰툰이 고정적인 위치를 가지기 위해서는 앵커, 체인 또는 와이어로 계류하게 되는데 수심이 깊어지면 계류장치의 길이가 늘어나 운동제어 능력이 떨어지기 때문에 반잠수식 구조물처럼 동적위치제어시스템과 추진기를 연동하는 첨단 위치제어 시스템을 갖추지 않는 한 파도가 심한 해역에서는 사용할 수 없다. 따라서 파도가 거의 없는 정온수역(定溫水域)이나 호수에서 주로 사용되며 체인, 와이어를 이용해 계류하거나 소형 계류시설의 경우 그림 3.58과 같이 pile guied를 박아 계류한다.

보통 폰툰 자체만을 사용한 구조물로는 요트와 같은 레저선박의 계류시설, 해상작업용으로 사용되는 바지선, 해상크레인 등이 있으며, 폰툰을 기초로서 사용하는

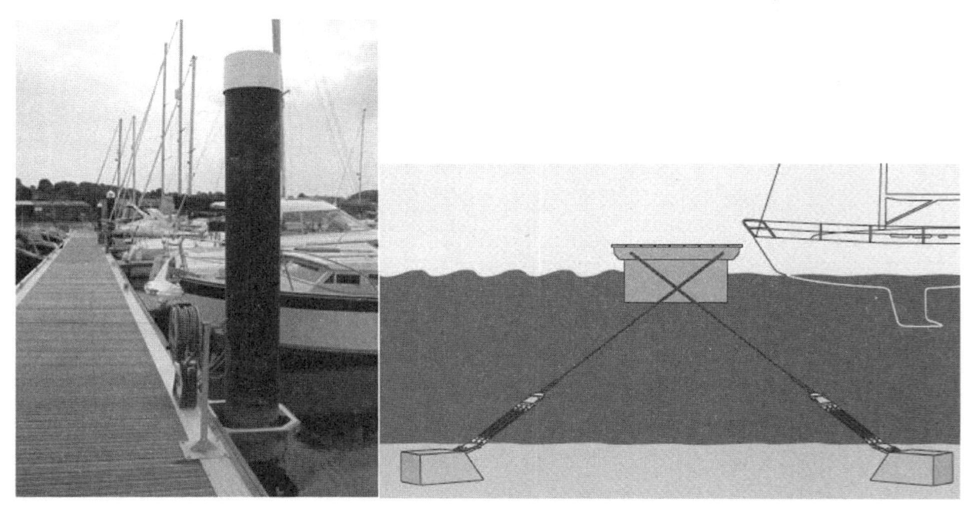

그림 3.58 폰툰 계류시설의 pile guide 계류(좌)와 체인 또는 와이어 계류(우)

경우는 해상 교각, 부유식 해양구조물 중에서도 반잠수식 구조물, 해상 발전플랜트 등이 있다(그림 3.59~3.62). 근래에는 육지의 부족, 오염 및 소음 등과 같은 환경문제, 군사적 목적 등으로 폰툰을 이용한 부유식 해양구조물에 대한 관심이 높아지고 있다. 일본의 경우 부유식 인공섬을 이용한 해상 공항에 대해 집중적으로 연구 중에 있으며(그림 3.63), 미국에서는 군자적 목적 하에 항공기의 이착륙이 가능한 초대형 해상기지인 MOB(Mobile Offshore Base)의 개발을 추진 중에 있다(그림 3.64).

그림 3.59 폰툰으로 형성된 요트 계류시설

그림 3.60 퀴라소(네덜란드령)의 해상교각 'Queen Emma Bridge'

그림 3.61 반잠수식 구조물의 기초로 사용되는 폰툰

그림 3.62 폰툰을 기초로 사용한 542MW 발전용 플랜트(미국)
[자료출처 : www.uspowergen.com]

그림 3.63 일본의 해상공항 연구목적으로 실제 제작되었던 'Megafloat'

그림 3.64 미국의 초대형 해상기지 'MOB'의 개념도

Chapter 4

하이브리드 해양구조물
(Hybrid Offshore Structures)

고정식 해양구조물은 작업 대상이 되는 해역의 수심이 증가함에 따라 건설 비용이 급증하기 때문에 수심이 깊은 해역에서는 비경제적이다. 또한 부유식 해양구조물은 수심이 깊은 곳에서도 작업이 가능하나, 동적위치제어시스템, 계류시스템 등 고정식에서는 사용되지 않는 매우 고가의 장비가 탑재된다. 이러한 경제적 문제점을 보완하고 비교적 깊은 수심에서도 사용이 가능하도록 개발된 해양구조물이 하이브리드 해양구조물이다. 하이브리드 해양구조물은 고정식과 부유식 해양구조물의 장점들을 조합하여 이용하도록 고안된 것으로, 해저면에 직접 고정되어 외력에 대해 저항한다는 점에서는 고정식 해양구조물과 같으나, 큰 외력에 대해서는 부유식과 마찬가지로 어느 정도의 동요를 허용하며, 작업가능 수심 또한 고정식에 비해 덜 제한적이다. 그림 4.1은 6자유도 운동을 나타내는 것으로 고정식 구조물은 모든 자유도에 대해 구속되어 있고, 부유식 구조물은 최소화 하긴 하였지만 모든 자유도를 구속하지는 않지만 최소화되어 있다고 할 수 있다. 반면에 하이브리드 구조물은 6개의 자유도 중에서 일부 자유도만을 구속한 것이라 볼 수 있다. 하이브리드 구조물은 크게 나누어 인장각 구조물(Tension Leg Platform)과 타워형 구조물(Tower type platform)이 있으며, 타워형 구조물은 다시 가이드 타워(Guyed tower platform), 아티큘레이티드 타워(Articulated tower platform), 컴플라이언트 타워(Compliant tower platform)로 나눌 수 있다.

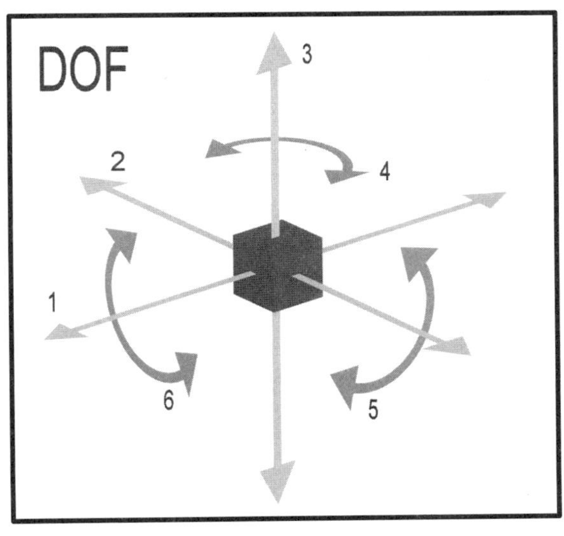

그림 4.1 물체의 위치와 자세를 나타내는 6-자유도

4.1 인장각 구조물(TLP)

TLP는 고정식 구조물과 부유식 구조물 사이의 중간 정도의 수역(약 300~1500m)에서 고유의 역할을 수행하고 있다(그림 4.2). 이는 고정식 해양구조물의 특징인 해상상태에 영향의 거의 받지 않아 가동률이 높은 점과 부유식 해양구조물의 특징인 깊은 수심에서의 초기 비용절감 효과를 조합한 것이라 볼 수 있다. 일반적인 TLP의 형상(그림 4.3)은 상부 구조물을 4~6개 정도의 칼럼으로 지지하고, 부력을 담당하는 하부구조물이 부력을 최대화 할 수 있고, 구조적으로 가장 안정감이 있는 사각형의 링(ring) 구조를 가진 부체가 있어 설치가 완료되었을 경우 반잠수식 구조물과 구분하기 어려울 정도로 매우 유사하다(그림 4.4). 그러나 반잠수식 구조물과는 달리 칼럼과 하부구조물은 평형수 탱크로 사용되지 않고, 단지 부력을 위해 속이 빈 탱크로써 사용된다.

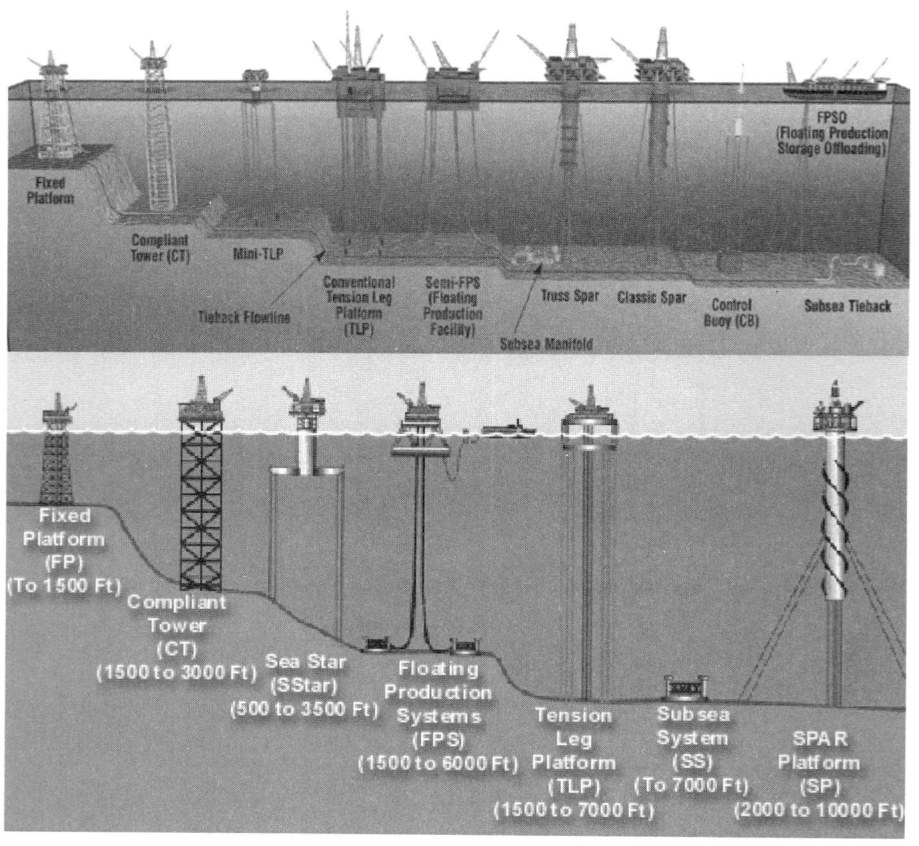

그림 4.2 수심에 따른 고정식, 하이브리드, 부유식 해양구조물

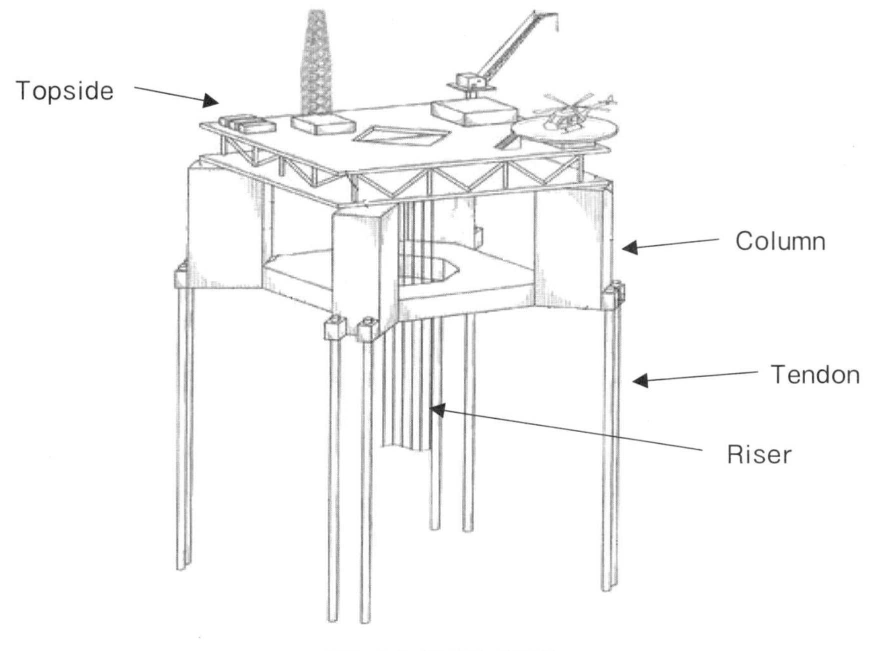

그림 4.3 TLP의 개념도

그림 4.4 TLP(좌)와 반잠수식 구조물(우)의 외형

TLP는 해저면에 자켓 구조물과 유사한 템플릿을 미리 설치하고 tendon connector (그림 4.5)와 tendon 또는 tether라 불리는 고장력 파이프(혹은 와이어, 그림 4.6)에 의해 연결되어 위치를 유지하게 된다. 자체부력 또는 데크 바지에 의해 작업해역으로

예인된 TLP의 빈 탱크에 평형수를 채워 구조물 자체의 정적 평형위치보다 아래의 위치하도록 하고 tendon과 구조물을 연결한 후, 평형수를 제거하여 발생되는 과부력으로 tendon에 항상 인장력이 부여되도록 한다. 그러므로 수심에 따라 무게가 급격하게 증가하는 tendon에 구조물의 부력으로 인장력을 부여할 수 없을 정도의 수심에서는 적합하지 않다.

TLP는 반잠수식과 같이 상부구조물을 칼럼으로 지지하기 때문에 외력을 받는 수선면적이 적고, tendon에 의해 상하운동이 억제 된다. 또한 구조물을 정적 평형위치보다 약간 가라앉도록 잡아당겨 잉여부력을 발생시킨다. 잉여부력은 tendon에 추가적으로 인장력을 발생시켜 구조물의 수평운동시 복원력으로 작용하게 되며, 긴 고유주기를 가지게 되어 파랑에 의한 운동성능을 향상시키게 된다. 그리고 TLP는 지속적으로 tendon에 인장력을 부여하기 위해 과부력을 가져야 하기 때문에 적재하중에 대해 매우 민감하다. 따라서 원유나 석유 제품의 저장고로서의 역할은 적합하지 않으며, 육상까지 파이프 라인을 연결하거나 FSU, FSO또는 FPSO 등 충분한 저장능력을 가진 구조물들과 연계되어 사용된다(그림 4.7).

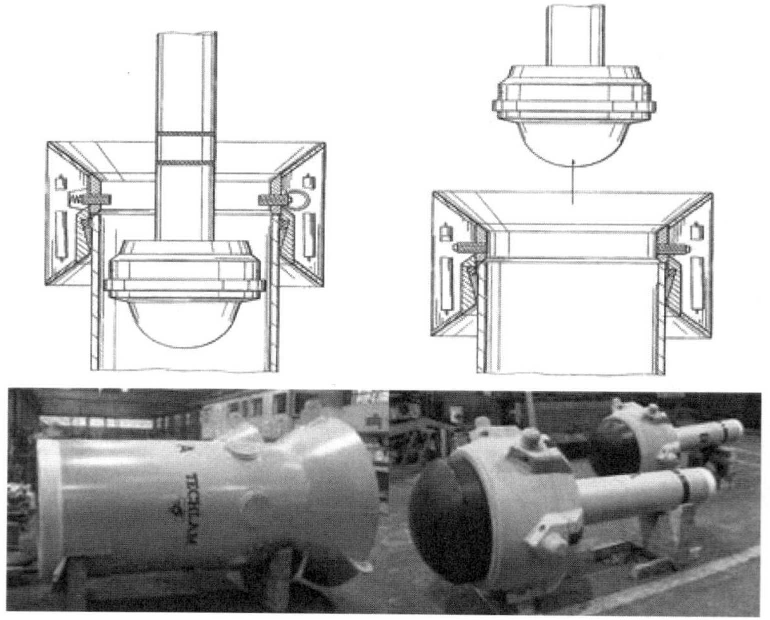

그림 4.5 Tendon connector의 개념도와 실제 모습

그림 4.6 Tendon의 단면모형과 실제 모습

그림 4.7 앙골라 해역에 설치된 TLP와 FPSO의 모습
[자료출처:www.shipspotting.com]

그림 4.8 소규모 유정 개발목적의 Mini-TLP인 'Matterhorn'(좌)과 'Sea Star'(우)
[자료출처:www.offshore-technology.com]

그림 4.9 TLP를 사용한 해상 풍력발전기의 모습
(좌-4MW급 실험용, 우-30MW급 실제 발전용, USA)

대표적 고정식 해양구조물인 자켓식 구조물에 비해 설치가 용이하고, 탈착이 가능한 인장각 접속기구를 사용하면 이동이 가능하다는 장점이 있다. 그리고 우수한 운동성능과 경제성을 가지고 있기에 1984년 최초의 TLP가 투입된 이후 FPSO, 반잠수식 구조물 다음으로 건조수가 많다. 근래에는 소규모 유정을 타겟으로 한 mini-TLP(혹은 Sea Star, 그림 4.8)의 건조 수도 증가 하고 있으며, TLP를 해상 풍력발전에 이용하려는 연구도 진행 중에 있다(그림 4.9).

4.2 가이드 타워(Guyed tower platform)

가이드 타워(Guyed tower platform, 그림 4.10)는 1983년 멕시코만의 Lena 유전(약 300 m)에 설치된 하이브리드 해양구조물로서 설치가 용이하고 환경의 영향을 받지 않는 자켓식 해양구조물을 심해에서도 이용할 수 있도록 발전시킨 구조물이다.

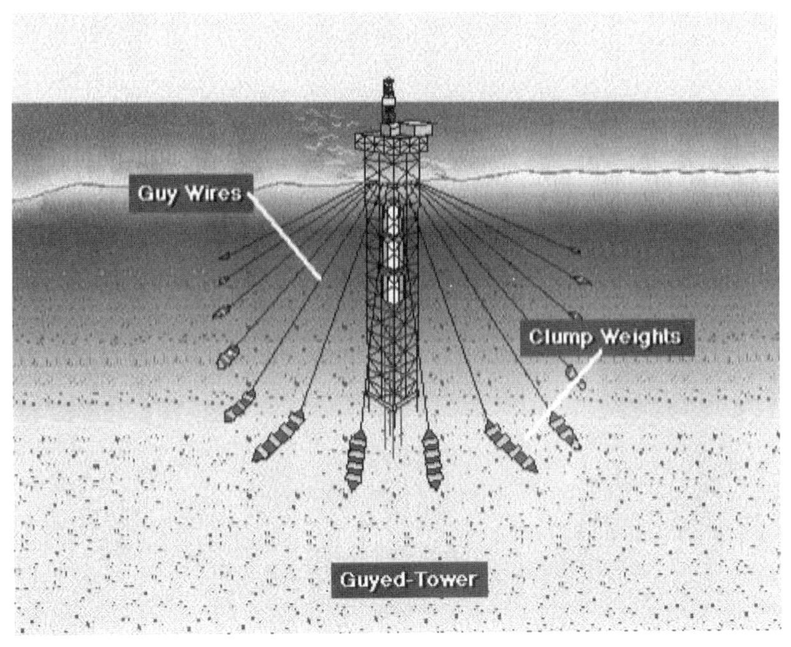

그림 4.10 가이드 타워의 개념도

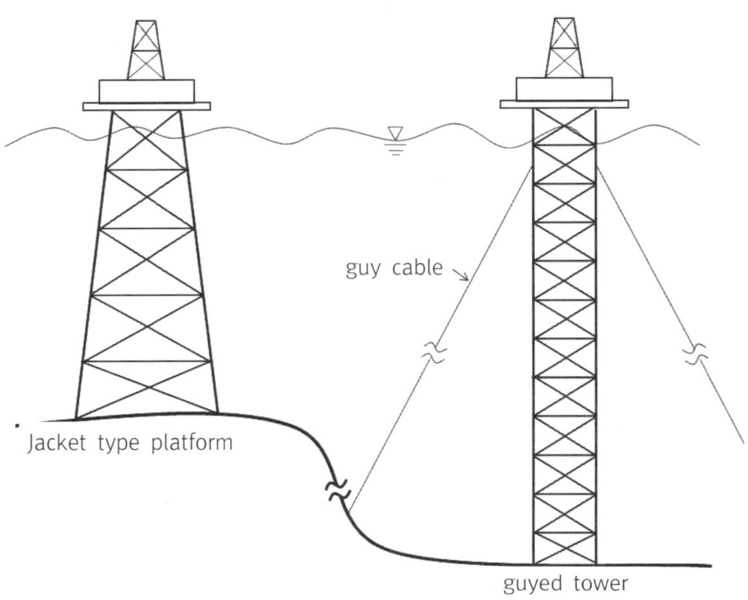

그림 4.11 자켓식 해양구조물과 가이드 타워

그림 4.12 방사형으로 설치된 guy cable의 모습

(a) (b) (c) (d) (e)

그림 4.13 가이드 타워의 설치 과정

고정식 구조물인 자켓구조물은 수심이 깊어질수록 파일 설치 단면적이 넓어짐에 따라 강재 사용량이 기하급수적으로 증가하기 때문에 깊은 수심에서 사용할 수 없다. 가이드 타워는 자켓식 구조물의 단점인 수심에 따른 강재 사용량 증가를 감소시키기 위해 일정한 단면적을 유지한다. 그림 4.11은 고정식 해양구조물과 가이드 타워의 수심에 따른 단면적 변화를 비교하기 위한 그림이다.

가이드 타워의 이러한 특징은 수직방향의 하중은 지탱할 수 있으나, 수평방향으로의 하중을 지탱하기 어렵기 때문에 수면 부근에서 방사형으로 guy cable(또는 wire)이라 불리는 계류장치를 설치한다(그림 4.12). guy cable은 고장력의 재질로 이루어져 있으며, 매우 큰 외력이 작용하여 구조물이 동요할 때 완충작용 및 케이블의 파단을 방지하기 위한 200톤 가량의 무게추가 부착 되어 있다.

가이드 타워 개발 당시 고정식 구조물의 장점을 이용하고 단점을 보완하는 구조물로 큰 관심을 받았다. 하지만 가이드 타워의 자켓은 사용수심이 깊은 만큼 매우 거대하여 예인 시나 파일을 박는 등의 설치 과정 중에 막대한 비용이 발생하여 경제성이 떨어진다. 또한 수면 근처에서 방사형으로 설치된 guy cable로 인해 물자보급선이나 셔틀탱커의 접근성이 좋지 않다. 이 외에도 가이드 타워는 설치 후 많은 문제점을 보여주어 다른 타워형 하이브리드 구조물을 개발해야하는 필요성을 보여 주었다.

그림 4.13는 유일하게 멕시코 만의 Lena유전에 설치된 가이드 타워의 설치 과정을 차례대로 보여주고 있다. 그림 4.13-(a)는 하부구조물인 타워의 육상 건조 모습이다. 건조가 끝나면 예인선을 이용해 목적지로 이동 후 구조물을 진수하고 위치를 설정한다. 그림 4.13- (d)는 자켓식과 마찬가지로 파일을 박아 고정 하는 모습이며, 작업이 끝나면 상부구조물을 탑재한다. 마지막으로 가이드 타워의 가장 큰 특징인 guy cable을 설치하면 가이드 타워의 설치는 완료된다. 가이드 타워의 설치방법은 guy cable을 제외하면 자켓식 구조물과 매우 유사함을 알 수 있다.

4.3 아티큘레이티드 타워(Articulated tower platform)

멕시코 만에 설치된 가이드 타워는 설치 후 많은 문제점이 나타났지만, 그 중에서도 수면 부근에 방사형으로 설치된 guy cable수가 많아 셔틀탱커나 보급선의 접안이 어려운 것이 가장 큰 문제점이었다.

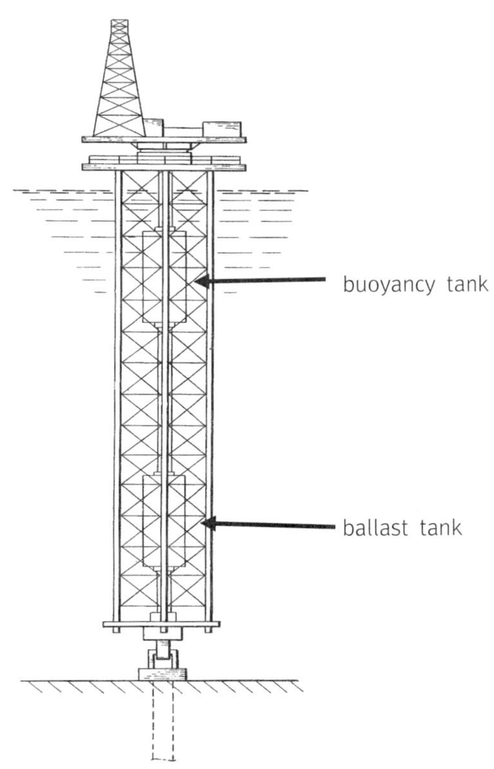

그림 4.14 아티큘레이티드 타워의 개념도

아티큘레이티드 타워(그림 4.14)는 이를 보완한 구조물로서 자켓의 상부에 부력탱크를 설치하고, 무게중심을 낮추기 위해 자켓의 하부에는 평형수 탱크가 설치 되어있으며, 해저면에 설치된 기초부와의 연결을 유니버셜 조인트(universal joint, 그림 4.15)로 설치하였다. 다시 말해 구조물의 전체적인 거동을 단순화 할 경우 하부 지지구조물에 설치된 유니버셜 조인트를 중심으로 역진자(inverse pendulum)와 유사한 운동 형태를 가지도록 하였다(그림 4.16). 그림 4.17은 악기 연주 시 박자를 맞추기 위한 도구로 아티큘레이티드 타워와 유사한 거동을 한다. 유니버셜 조인트는 guy cable을 설치하지 않고 수평방향의 운동을 허용함을 의미한다. 또한 아티큘레이티드 타워는 수평방향 운동의 고유주기가 파랑에 비해 길어 동요응답이 적어진다.

아티큘레이티드 타워는 유니버셜 조인트를 기점으로 하여 해저면까지의 기초부의 구조물은 자켓식 구조물과 마찬가지로 파일로 고정하여 기초부의 안정성을 고려하였고,

상부구조물부터 유니버셜 조인트까지는 가이드 타워와 마찬가지로 강재 사용량을 줄이기 위해 일정한 단면적을 가진다(그림 4.18).

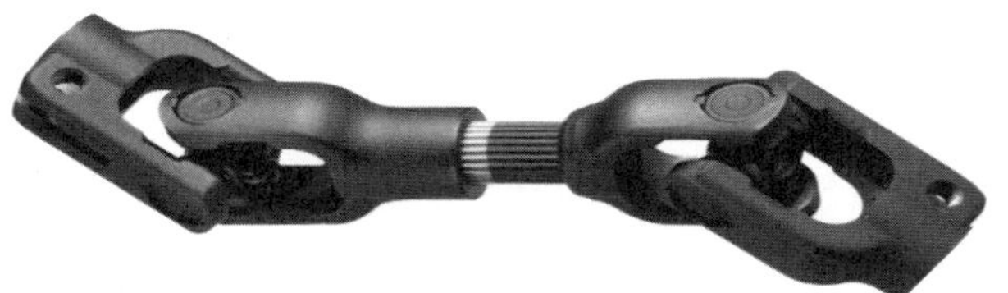

그림 4.15 일반적인 유니버셜 조인트의 예

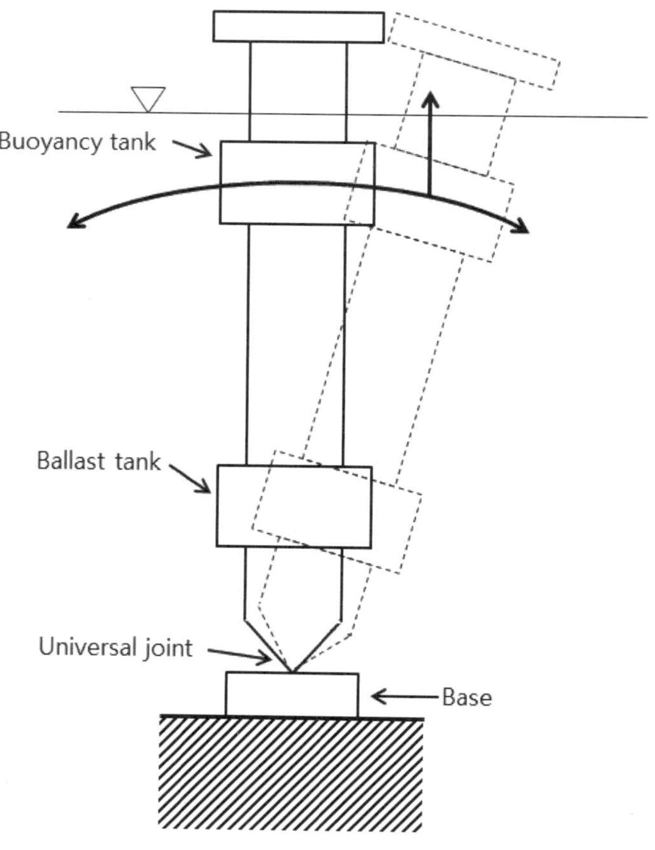

그림 4.16 아티큘레이티드 타워의 단순화

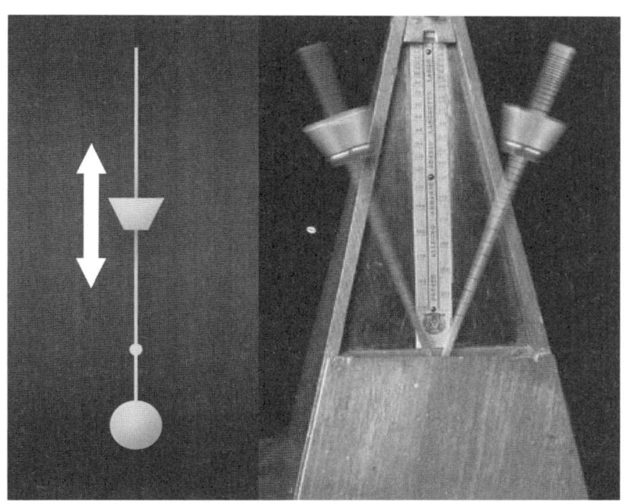

그림 4.17 Metronome의 역진자 운동

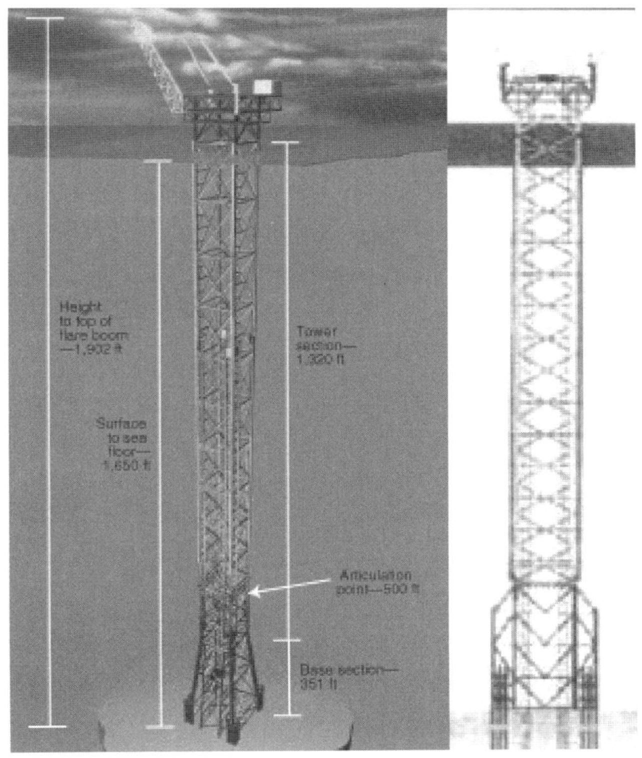

그림 4.18 아티큘레이티드 타워의 여러 형상

4.4 컴플라이언트 타워(Compliant tower platform)

컴플라이언트 타워(그림 4.19)는 가이드 타워의 guy cable이나 아티큘레이티드 타워의 유니버셜 조인트와 같은 부가설비가 없는 대신 다른 구조물보다 유연한 파일을 구조물의 각 모서리에 해저면부터 수면까지 또는 자켓의 중간부까지 설치하여 구조물 자체가 외력에 대해 탄성응답을 하도록 설계된 해양구조물이다. 다른 타워형 구조물과 마찬가지로 일정한 단면적을 가진 자켓을 하부 구조물로서 가지고 있어 강재 사용량을 감소시킨 구조물이다.

컴플라이언트 타워는 자켓식 구조물과 동일하게 파일을 박아 고정하는 것은 같다. 그러나 자켓식 구조물이 구조강도를 높여 공진을 피하는 반면, 컴플라이언트 타워는 구부러질 수 있는 관절부가 있어 구조물의 강성이 적어지는 대신 유연성(flexibility)을 통해 안전성을 확보하도록 설계되었다. 따라서 컴플라이언트 타워의 고유주기가 파

그림 4.19 컴플라이언트 타워의 개념도

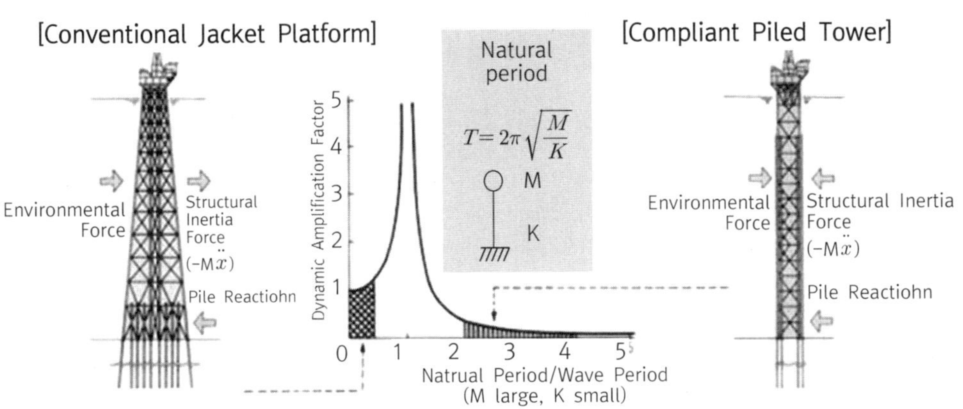

그림 4.20 컴플라이언트 타워의 고유주기

의 고유주기보다 길어져 공진의 위험성을 피할 수 있다(그림 4.20). 컴플라이언트 타워의 수평방향 거동은 구조물 높이의 보통 1~2%일 정도로 그 변위가 크기 때문에 자켓의 상부에 부력탱크를 설치하는 것이 일반적이며, 필요에 따라서는 구조물의 안정성을 보다 높이기 위해 부가적으로 유니버셜 조인트가 사용되거나 guy cable과 같은 설비가 함께 사용되기도 한다(그림 4.21).

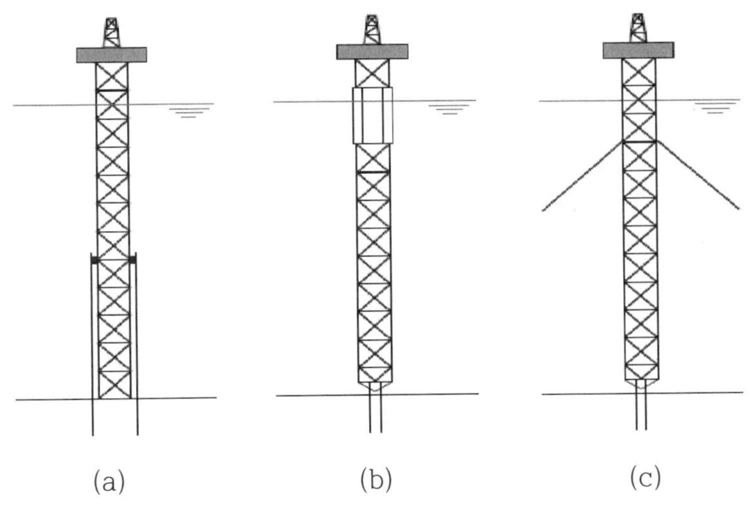

그림 4.21 컴플라이언트 타워와 부가물 설치의 예
(a) 일반적인 컴플라이언트 타워
(b) 유니버셜 조인트가 설치된 컴플라이언트 타워
(c) guy cable과 유니버셜 조인트가 설치된 컴플라이언트 타워

그림 4.22 육상건물과 컴플라이언트 타워인 'Petronius'의 높이 비교

일반적으로 300 m이상의 수심에서 컴플라이언트 타워가 자켓식 해양구조물보다 강재의 사용량과 무게를 상당히 줄일 수 있어 매우 경제적이라고 할 수 있으며, 구조물의 높이에 따른 단면적 변화가 거의 없기 때문에 제작이 간단하다. 또한 일반적인 컴플라이언트 타워를 설치할 경우 추가적인 계류장치가 필요하지 않다는 장점들이 있다. 이와 같은 장점들로 인해 자켓식 구조물의 설치가 어려운 수심(약 400~900 m)에서 사용되고 있어, 사람이 건설한 모든 구조물 중에서 매우 높은 구조물에 속하다(그림 4.22). 그림 4.23~25 및 표 4.1~3은 실제 설치된 컴플라이언트 타워 중에서 몇 가지를 소개한 그림이며, 그림 아래쪽에 해당하는 데이터도 간단하게 나타낸 것이다.

그림 4.23 멕시코 만에 설치된 baldpate platform

표 4.1 baldpate platform의 데이터

Description	Value	Unit
Water depth	503	m
Natural frequency	0.033	Hz
Topsides	2,400	ton
Jacket base weight	8,700	ton
Tower section weight	20,200	ton

그림 4.24 멕시코 만에 설치된 Petronius platform

표 4.2 Petronius platform의 데이터

Description	Value	Unit
Water depth	535	m
Topsides	7,500	ton
Structure weight	43,000	ton

그림 4.25 앙골라 해역에 설치된 Benguela-Belize platform

표 4.3 Benguela-Belize platform의 데이터

Description	Value	Unit
Water depth	390	m
Topsides	35,000	ton
Weight of levelling pile template and piles	1,600	ton
Weight of tower base template and foundation piles	15,000	ton
Tower base section weight	24,700	ton
Tower top section weight	8,000	ton

Chapter 5

해양구조물 지원선
(OSV, Offshore Support Vessel)

자원개발이 육상에서 바다로 옮겨가고, 해저자원의 개발 또한 연안에서 심해로 이동함에 따라 해양구조물의 건조량은 계속해서 증가하는 추세에 있다. 이에 따라 해양구조물의 건조부터 이동(또는 예인), 설치, 각종 물자 및 장비, 거주공간의 공급 등을 지원해주는 해양구조물 지원선(Offshore Support Vessel, OSV)의 중요성이 커지고 있다.

OSV는 예인선, 파이프 부설선, 지질 탐사선, 데크 바지, 물자보급선 등 종류가 매우 다양하며, 그 역할에 따라 선체구조 및 강도, 각종 의장, 탑재 장비, 주 기관의 출력 등이 설계된다. 또한 해양구조물을 지원하기 위해 장시간동안 일정한 위치를 유지해야 하기 때문에 대부분의 OSV는 동적위치제어 시스템(DPS)을 탑재하고 있다.

5.1 Anchor Handling and Tug Supply Vessel(AHTS)

AHTS는 대표적인 해양구조물 지원선으로 대형 선박이나 해양구조물의 예인(그림 5.2)뿐만 아니라 계류장비의 설치, 소량의 물자보급, 인원수송 등의 다양한 작업을 수행하는 예인선(tug boat)이라 할 수 있다(그림 5.1). 따라서 일반적인 예인선과 같이 고출력의 기관 및 윈치(winch)가 설치되어 있다. AHTS의 선수부에는 통제실(bridge)

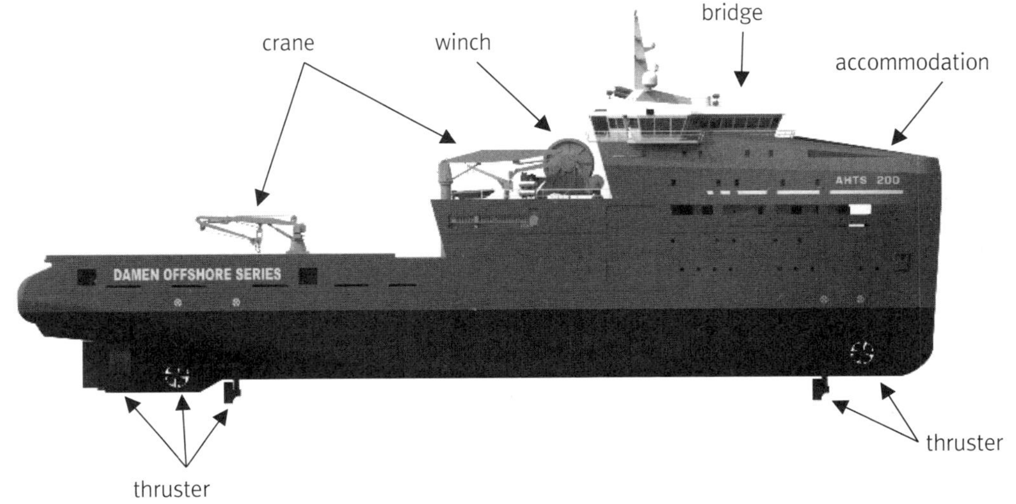

그림 5.1 AHTS의 개념도
[자료출처:www.gcaptain.com]

그림 5.2 해양구조물을 작업해역으로 예인 중인 AHTS의 모습

그림 5.3 해양구조물의 계류작업을 지원중인 AHTS의 모습

과 선원이 거주할 수 있는 거주공간이 있으며, 선미부에는 보급물자를 보관하기 위한 탱크와 해양구조물의 계류작업 지원 시(그림 5.3) 앵커를 올려놓을 수 있는 넓은 갑판과 크레인이 있다. 이와 같은 배치는 선박의 무게중심이 선수 쪽으로 쏠릴 수 있으므로 엔진룸과 연료유나 평형수 탱크 등을 선미 쪽에 가까운 곳에 배치한다(그림 5.4). 또한 선수부의 부력을 높이기 위해 선수부가 일반 선박보다 비대하고, 선미부의 선체 형상은 프로펠러에 충분한 유량이 유입될 수 있도록 설계되어 있다(그림 5.5).

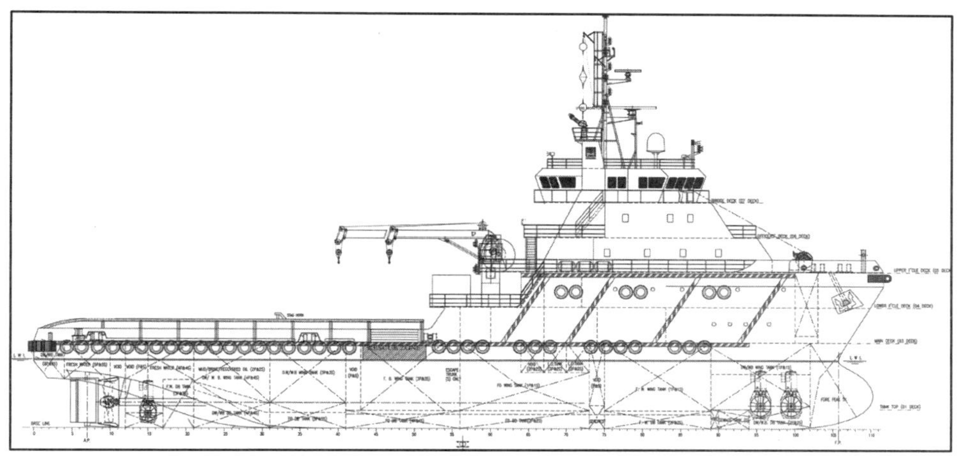

그림 5.4 AHTS의 일반배치도

그림 5.5 AHTS의 선체 형상

AHTS는 해양구조물을 주로 예인하기 때문에 선박의 크기에 비해 직경이 큰 프로펠러와 해양작업 또는 계류작업을 진행하는 동안 정확한 위치 유지를 위한 동적위치제어 시스템이 탑재 되어있다. 유사한 선박으로 AHT(Anchor Handling and Tug vessel, 그림 5.6)가 있으며, 각종 해양구조물의 수가 늘어남에 따라 AHTS와 함께 발주량이 증가하는 추세에 있다.

그림 5.6 AHTS와 유사한 역할을 하는 AHT

5.2 Platform Supply Vessel(PSV)

PSV(그림 5.7)는 자켓식 구조물이나 콘크리트 중력식 구조물처럼 이동이 불가능한 구조물 또는 드릴쉽이나 반잠수식 구조물, 갑판승강식 구조물 등과 같이 작업 시에는 이동이 불가능한 구조물에 대해 각종 보급품과 유류물자, 작업물자 및 인원 등의 운송이 목적인 선박을 말한다(그림 5.8). PSV는 넓은 갑판(그림 5.9)과 큰 용량의 탱크를 가지고 있지만 운송을 통한 이윤창출 목적이 아닌 물자보급이 주된 목적이기에 일반 선박과 같이 화물적재중량이나 엔진출력으로 구분하지 않고 갑판면적으로 구분한다.

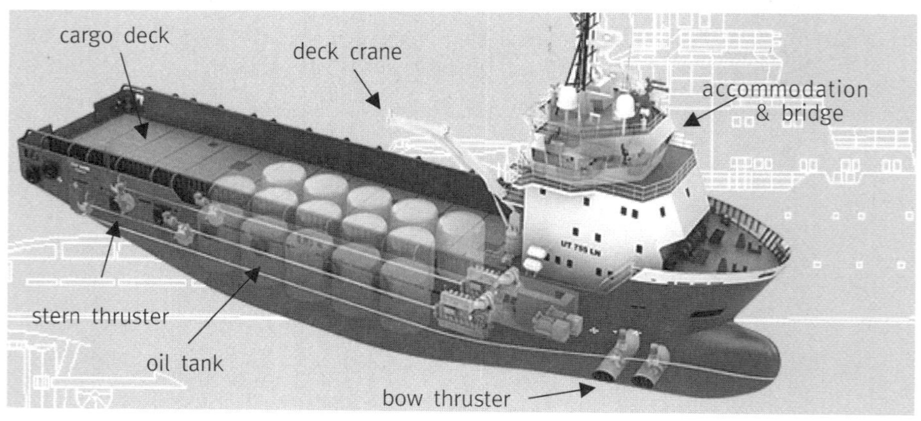

그림 5.7 일반적인 PSV의 개념도

그림 5.8 해양구조물에 물자를 보급중인 PSV의 모습

선수부에 통제실과 거주공간이 있으며, 선미부에는 윈치나 크레인이 없어 대부분 넓은 갑판면적을 가지고 있다. 따라서 AHTS와 유사하게 선수 쪽 형상은 비대하며 보급용 유류탱크는 선미에 가깝게 설치한다(그림 5.10). PSV의 갑판 상에 화물을 적재할 때는 bulk로 적재하기도 하지만 해상에서의 안전한 작업을 위해 Offshore Container를 사용하여 적재한다(그림 5.11). PSV는 해양구조물에 직접적으로 접안하지 않고, 구조물의 크레인 사정거리에 근접하여 보급물자를 옮기기 때문에 동적위치제어시스템에 의한 자세 유지가 필수적이며 선수 thruster 또는 선미 thruster(Bow or Stern thruster)가 설치되어 있다.

그림 5.9 선미부의 넓은 갑판이 특징인 PSV의 모습

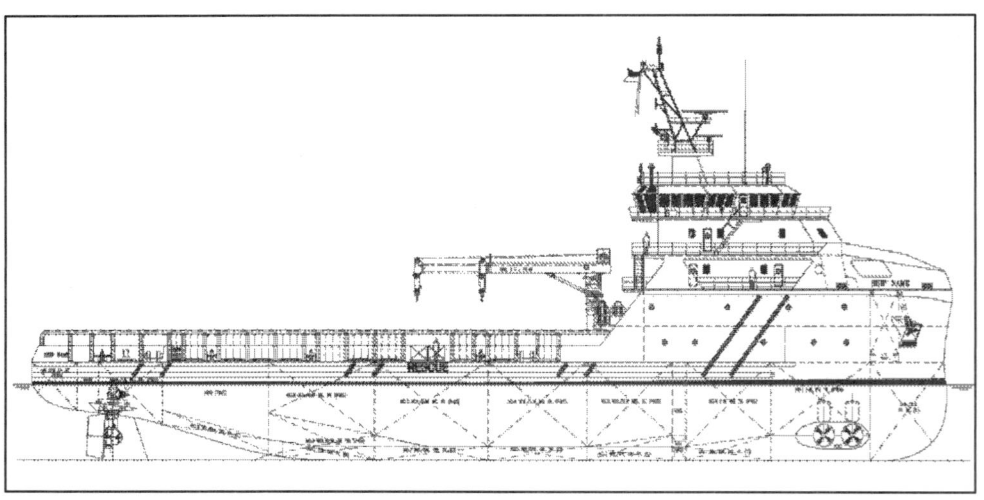

그림 5.10 PSV의 일반배치도

그림 5.11 Offshore Container를 사용해 보급품을 선적한 모습

그림 5.12 쇄빙기능을 갖춘 PSV인 'Pacific Endeavour'호(러시아)

러시아나 극동 지방의 해저자원 채굴을 위한 해양구조물을 지원하기 위해 빙해역을 스스로 지날 수 있는 쇄빙 기능을 갖춘 PSV도 있다(그림 5.12).

5.3 Construction Support Vessel(CSV)

CSV는 해저자원 시추 플랫폼을 설치하고 시추작업을 시작하기 위한 준비 단계를 지원하는 선박이다. 예를 들어 자켓식 해양구조물을 설치할 경우, 잠수작업지원 장비 및 잠수부용 감압실 등의 각종 잠수장비나 무인 잠수정(Remotely Operated Vehicle)을 보유하여 템플릿이나 자켓이 정확한 위치에 설치될 수 있도록 지원해주는 Diving Support Vessel(DSV, 그림 5.13) 또는 ROV Support Vessel(그림 5.14), 채굴된 원유나 가스를 육상으로 수송하기 위해 해저면에 수송 파이프를 설치해주는 파이프 부설선(Pipe-Laying Support Vessel), 하부구조물의 자세 및 위치제어나 상부구조물 탑재 작업에 사용되는 대형 해상크레인 등이 CSV에 속한다. 해양플랫폼 건설이나 파이프라인 설치 등에 필요한 대량의 재료를 운송하는 바지선을 CSV에 포함시키는 경우도 있다.

그림 5.13 소형 DSV의 모습

그림 5.14 항해중인 ROV Support vessel의 모습

운송용 바지선을 제외한 CSV는 무거운 중량물을 운반하거나 효율적으로 건설 작업을 지원하기 위해 선미 또는 선수에 Heavy Lift Crane를 탑재하고 있으며, 작업 도중 발생할 수 있는 사고에 대비하여 충분한 치료공간이 구비되어 있다. 수개월이 걸리는 해양플랫폼 설치 작업을 지원하기 위해 거주공간이 설비되어 있으며, 작업 중에는 일정한 위치를 유지해야하므로 동적위치제어시스템과 선수 및 선미 thruster가 탑재되어 있다.

그림 5.15 감압챔버의 내, 외부 모습

그림 5.16 해저 작업을 위해 투입되는 ROV의 모습

DSV와 ROV Support Vessel은 보통 해양플랫폼의 설치 및 보수작업 등 다양한 해저작업에 사용되는 선박으로, 작업자가 잠수할 때 파도에 의한 안전사고를 예방하기 위한 목적으로 선체내부에 문풀을 갖추고 있으며, 잠수가 끝난 작업자의 잠수병을 대비하여 감압챔버(Decompression chamber, 그림 5.15)가 필수적으로 탑재되어 있다. 일반적으로 선수부에 통제실과 거주공간 및 치료공간이 있으며, 헬리데크 설비가 있는 경우 선수부에 설치되는 것이 보통이다. 선미부에는 ROV(그림 5.16) 하강용 크레인이나 기타 작업 및 장비들을 적재할 수 있는 넓은 갑판 및 작업효율을 위한 크레인도 설치되어 있다.

해양플랫폼에서 생산된 원유나 가스를 육상으로 수송하는 방법은 셔틀탱커와 같은 선박을 이용하는 방법과 육상까지 파이프라인을 설치하는 방법으로 나눌 수 있다. 후자는 파이프 부설선(그림 5.17)을 이용해야 하며, 육상과 거리가 가깝거나 여러 조건을 고려하여 파이프를 설치하는 비용이 셔틀탱커 등의 선박을 이용하는 경우보다 경제적일 경우에 사용된다. 파이프 부설선은 일반적으로 직경이 4~8 m인 릴(reel)에 감겨있는 완성된 파이프를 선박의 선미부분 또는 선체중앙부분에 각도 조절이 가능한 타워를 이용해 해저로 'J'자 또는 'S'자 형태로 늘어트려 설치하는 방법(reel-lay, 그림 5.18)과 바지선을 이용해 개별적인 파이프를 작업 해역으로 운송 후, 이를 파이프 부설선의 선체 내부에서 파이프를 여러 번에 걸쳐 용접해 연결하며 용접이 끝난 파이프의 용접품질검사 등 일련의 과정이 이루어지는 동시에 'S'자 해저로 늘어트려 설치하는 방법(그림 5.19)이 있다. 일반적으로 천해에서는 두 가지 방법 모두 사용 가능하나 심해에서는 J-lay 방법을 사용한다 (Chapter 7.2 참조).

그림 5.17 파이프 부설선

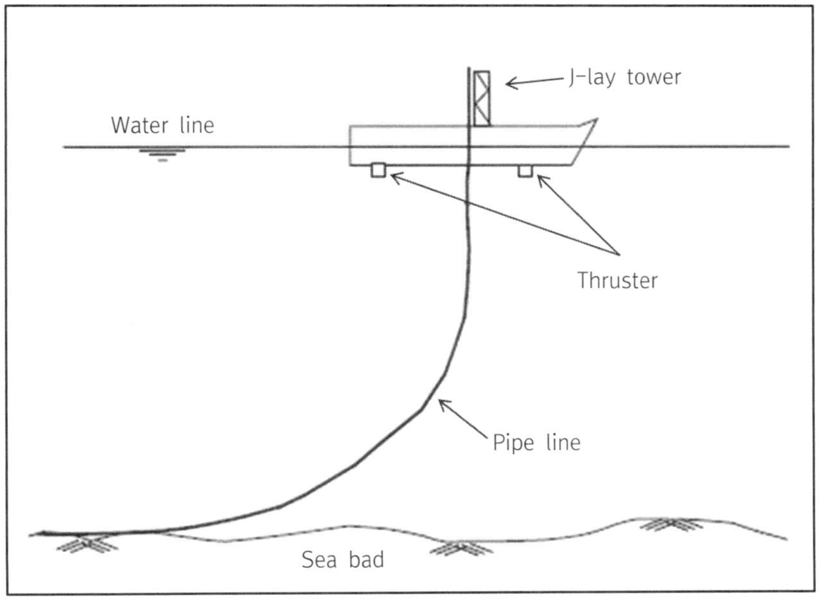

그림 5.18 J-lay type 파이프 부설 개념도

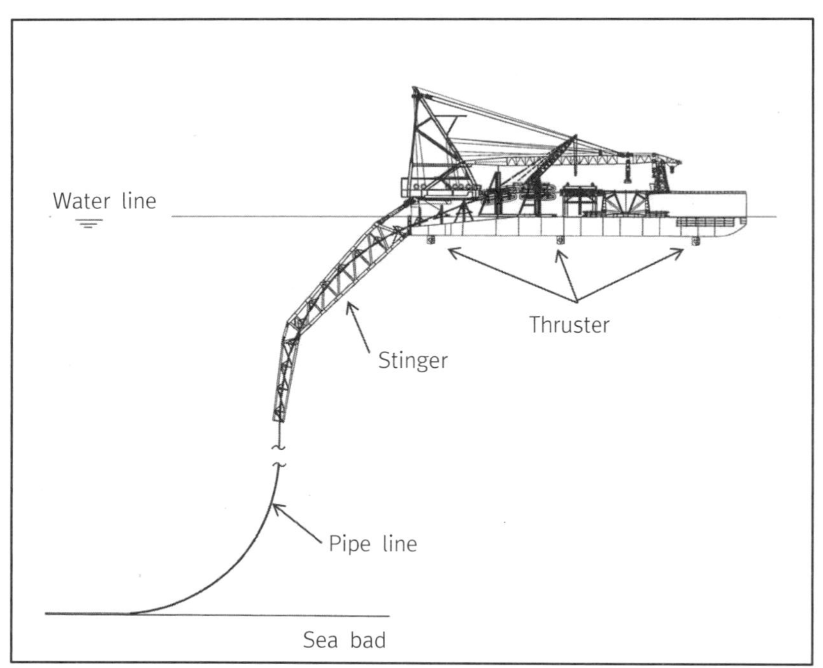

그림 5.19 S-lay type 파이프 부설 개념도

그림 5.20 완성된 파이프를 릴에 감는 작업

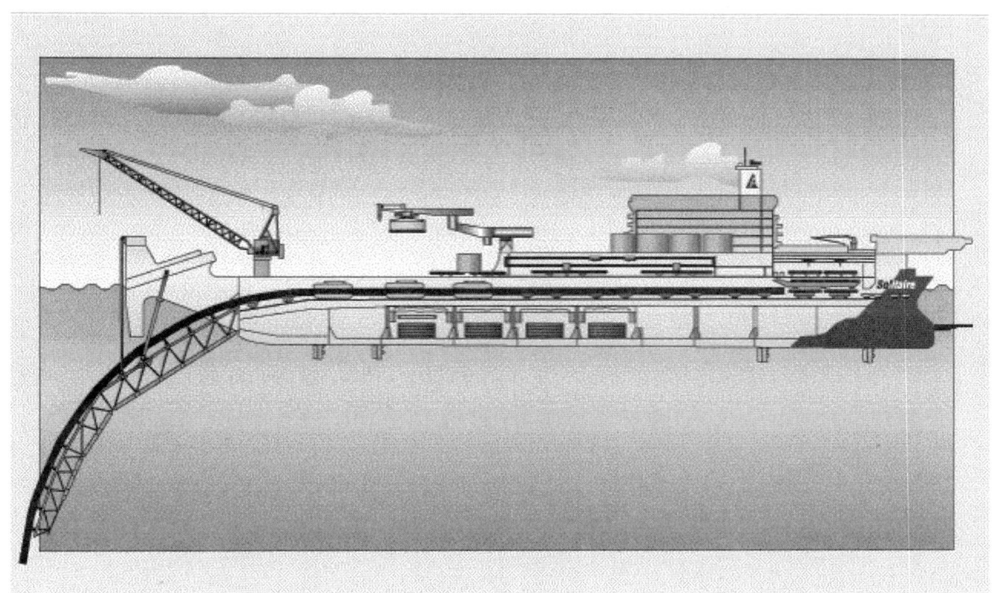

그림 5.21 연결 작업이 선체내부에서 이루어지는 방법

미리 연결된 파이프를 릴에 감아 설치하는 방법은 릴에 감겨있는 파이프를 전부 설치하였을 경우, 육상의 보급기지로 돌아가야 하므로 작업이 비연속적이다(그림 5.20). 이와 달리 선체 내부에서 연결 작업이 이루어지는 방법은 파이프의 보급이 이루어진다면 연속적인 작업이 가능하다(그림 5.21).

전자의 방법을 사용하는 선박은 후자의 방법을 사용하는 선박에 비해 선체 내부에 탑재된 장비가 적기 때문에 선박의 크기가 상대적으로 작으며, 후자의 방법은 모든 파이프 연결과정이 선체 내에서 이루어져야 하기 때문에 선박의 크기가 크고, 선미에 해저로 내려가는 파이프가 급격하게 꺾이지 않도록 하는 스팅거(stinger, 그림 5.22)가 설치되어 있다. 파이프 부설선은 선미 또는 선체 중앙부에서 파이프를 해저로 내리기 때문에 선원들이 생활하는 거주공간이나 통제실은 선수부에 설치된다. 또한 파이프 적재공간과 작업공간의 확보하기 위해 주기관과 축계를 위한 공간이 필요치 않고, 360도 회전이 가능한 전기추진방식의 azimuth thruster나 pod type thruster(그림 5.23)를 사용한다.

그림 5.22 파이프의 급격한 곡률변화를 방지하는 stinger의 모습

그림 5.23 pod type thruster의 모습

위에서 소개된 CSV들이 해양플랫폼의 하부 구조물을 설치 할 때 또는 설치 이후에 사용된다면, 해상 크레인은 하부 구조물뿐만 아니라 상부구조물을 설치할 때에도 자주 등장한다. 예를 들어 자켓식 구조물, 콘크리트 중력식 구조물, SPAR 구조물 등의 상부 구조물을 설치할 때는 거의 대부분이 대형 해상크레인을 사용한다(그림 5.24).

그림 5.24 상부구조물을 설치중인 대형 해상크레인의 모습

그림 5.25 폰툰구조물을 이용한 해상크레인

그림 5.26 교각 건설지원 중에 있는 해상크레인의 모습

일반적인 해상크레인은 상부가 평평한 폰툰구조물 위에 크레인 설비를 갖추고, 내부에 평형수 탱크를 갖추어 구조물(혹은 구조물의 어느 한 부분) 설치를 지원한다(그림 5.25). 해상크레인은 조선소에서 선박의 블록(block)을 탑재할 때 가장 많이 사용되며, 간척지의 제방이나 해상교각 건설(그림 5.26) 등에도 사용된다. 그러나 폰툰구조물을 이용한 해상 크레인은 구조적인 안정성으로 인해 대형화가 어렵고, 파랑 등의 외력에 대한 운동성능이 좋지 않다. 또한 작업을 위해서 위치유지를 앵커를 이용하기 때문에 수심이 깊은 지역에서 작업을 수행해야 할 경우에는 사용하기 힘들다. 따라서 해양플랫폼 설치에 사용되는 대형 해상 크레인은 수선면적이 작고, 동적위치제어시스템이 탑재된 반잠수식 구조물을 주로 이용한다(그림 5.27).

반잠수식 구조물을 이용한 해상 크레인은 짧게는 수일에서 길게는 수개월 동안 해상에서 작업을 수행해야 하므로 선원들을 위한 거주공간이 크레인의 반대편에 탑재되며, 크레인과 추진기 등 각종 장비의 구동과 생활에 필요한 전기를 생산하기 위해 발전용 엔진이 탑재되어 있다. 또한 넓은 갑판을 가지고 있어 반잠수식 구조물의 특성상 많은 양은 아니지만 플랫폼 설치에 필요한 각종 자재들을 선적 할 수 있다.

그림 5.27 반잠수식 구조물을 이용한 대형 해상크레인의 개념도

5.4 Accommodation & Support Vessel(ASV, Floatel)

ASV(혹은 Floatel)는 이름에서 나타나는 것처럼 부유식 숙소이다(그림 5.28). 상업용도의 해상 호텔도 의미하기는 하지만 여기서는 해양플랜트를 지원하는 구조물만을 의미한다. 주로 선원들의 거주용도로 활용되며, 거주공간 이외에도 부상자를 위한 치료공간 등 각종 편의시설 등이 갖추어져 있으며, 물자보급의 역할도 가능하다. 주로 해양플랜트 바로 옆에 설치해 다리로 연결되기 때문에 동적위치제어시스템은 필수이다.

ASV는 형태가 아닌 역할로서 분류된 것이고, 새로이 건조되기보다는 기존의 구조물을 개조하기 때문에 선박, 반잠수식, 폰툰, 갑판승강식 등 다양한 형태가 있다(그림 5.29 ~ 5.32). 현재 건조 또는 개조되어 임무를 수행하고 있는 ASV는 20여척(2014년 기준)에 불과하며, 유전의 개발 수심이 깊어짐에 따라 외해로 나가면서 ASV는 계속해서 증가할 것으로 예상 되어 진다.

그림 5.28 반잠수식 ASV의 개념도

그림 5.29 RORO선을 개조한 ASV인 'Dan Swift' (덴마크)

그림 5.30 반잠수식 형태의 ASV

그림 5.31 폰툰구조물을 이용한 ASV

그림 5.32 갑판승강식 구조물 형태의 ASV(workfox사의 'SEAFOX7')

5.5 Semi-Submersible Vessel

이름에서도 알 수 있듯이 반잠수식 운반선을 의미한다. 그림 5.33과 같이 만재흘수 아래 부분의 형상은 일반적인 선박과 동일하다고 할 수 있지만, 만재 흘수 위로는 선체라 부를수 있는 부분이 거의 없으며, 반잠수식 구조물의 칼럼과 유사한 형태의 부력을 담당할 수 있는 기둥이 몇 개 존재할 뿐이다. 엔진룸과 연료유 탱크, 청수 탱크, 거주공간을 제외한 선체의 대부분은 평형수 탱크로 이루어져 있어 흘수의 변화가 매우

그림 5.33 Semi-submersible vessel의 개념도

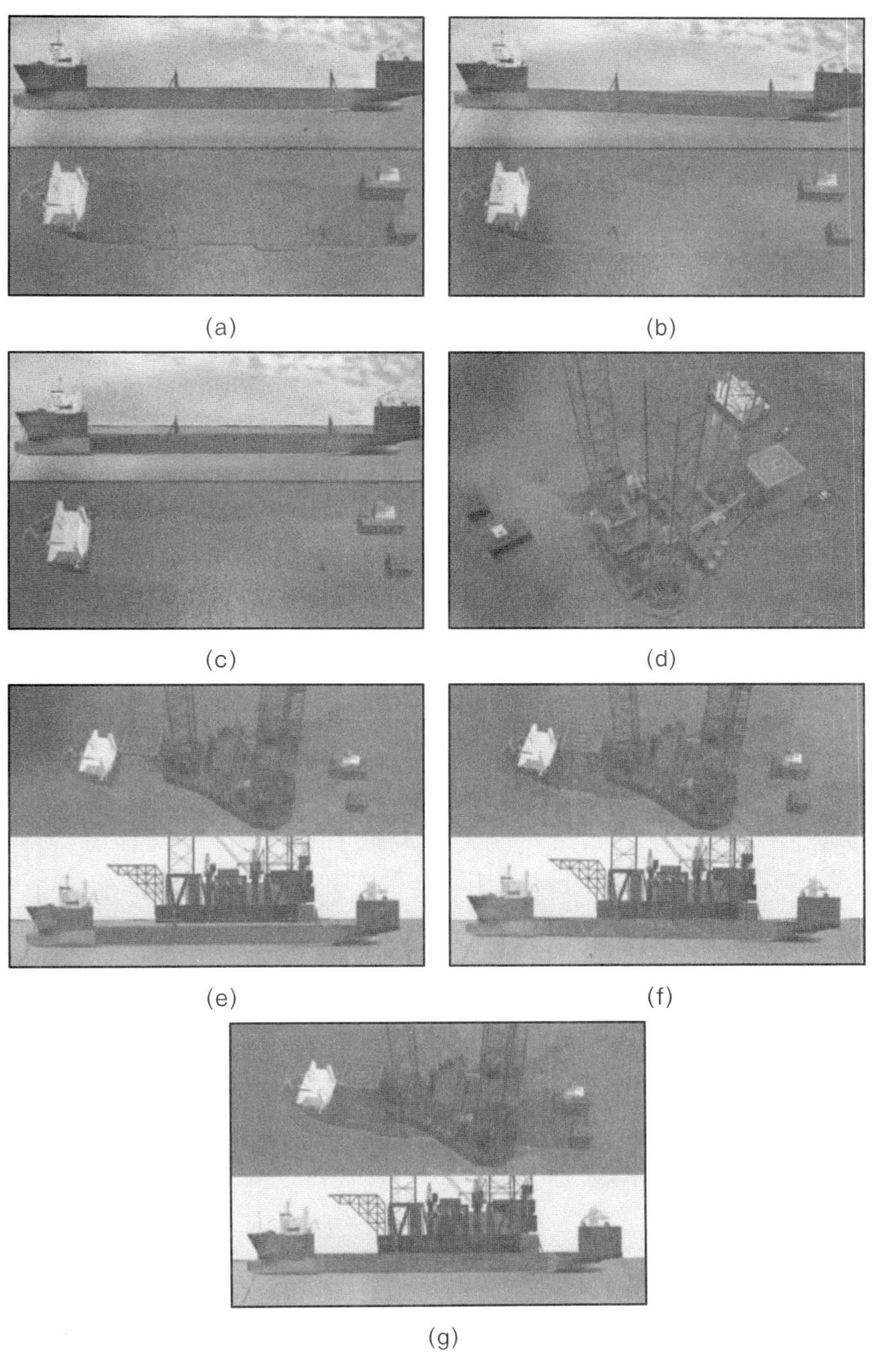

(a) (b) (c) (d) (e) (f) (g)

그림 5.34 Semi-submersible vessel의 선적과정
[자료출처:www.youtube.com 캡쳐]

그림 5.35 Semi-submersible vessel 침몰 사례

크다. 또한 갑판이라 할 수 있는 부분이 거의 해수면 바로 위에 있어 평형수를 모두 채울 경우 통제실을 제외한 선박의 90%가 물속에 잠긴다. 이와 같이 큰 흘수변화와 해수면과 가까운 갑판을 이용하여 그림 5.34과 같이 구조물을 선적하거나 하역 할 수 있다.

Semi-submersible vessel은 자항 기능이 없는 구조물(혹은 일부분)을 이동시킬 때 사용 되며, 구조물을 갑판위에 정확하게 위치할 수 있도록 동적위치제어시스템이 탑재 되어 있다. 일반적인 선박과 비교 하였을 때 해수면 아래부분의 형태는 유사하다고 할 수 있지만, 방형계수가 초대형 유조선(약 0.85)보다도 큰 경우가 대부분이다. 이는 매우 무거운 해양구조물의 무게를 부력으로 지탱하기 위해 큰 배수량을 갖기 위함이다. Semi-submersible vessel은 반잠수시에 최소한의 부력으로 지탱되기 때문에 평형수 관리에 각별한 주의가 필요하며(그림 5.35), 구조물을 운반 시에는 무게중심이 평상시 보다 위쪽에 위치하므로 항해 중에도 주의를 기울여야 한다.

5.6 Seismic Survey Vessel(SSV)

SSV(그림 5.36)는 해저자원 탐색 및 개발 프로젝트 중 가장 먼저 투입되는 선박이라 볼 수 있으며, 다양한 방법을 이용하여 해저 자원의 탐색과 그 주변의 지질구조를 조사하여 Oil과 Gas 발견 가능성과 예상 매장량을 추정하는 선박이다. 또한 자원개발이 가능하다는 판단이 들면 시추 장비가 해양생태계에 대한 위험을 배제하고 효율적인 생산이 가능한 최상의 지역에 위치할 수 있도록 지원한다. 탐사 방법에는 여러 종류가 있으나 가장 일반적으로 사용되는 방법은 탄성파 탐사(그림 5.37)로 충격파를 발생시켜 반사파가 도달하는 시간과 각도 등을 측정해 지질구조를 조사하는 방법이다. 이와 같은 방법은 충격파를 발생시키는 장비와 반사되는 파를 감지하기 위한 장비를 이용해 그림 5.38과 같이 장비들을 일정한 속도로 예인하며 조사한다. 따라서 브릿지, 조사장비 및 물자는 선수부에 탑재되어 있고 선미부에는 주로 헬리데크와 예인장비 및 작업 공간으로 이루어져 있다.

그림 5.36 해저자원 탐색중인 SSV의 모습

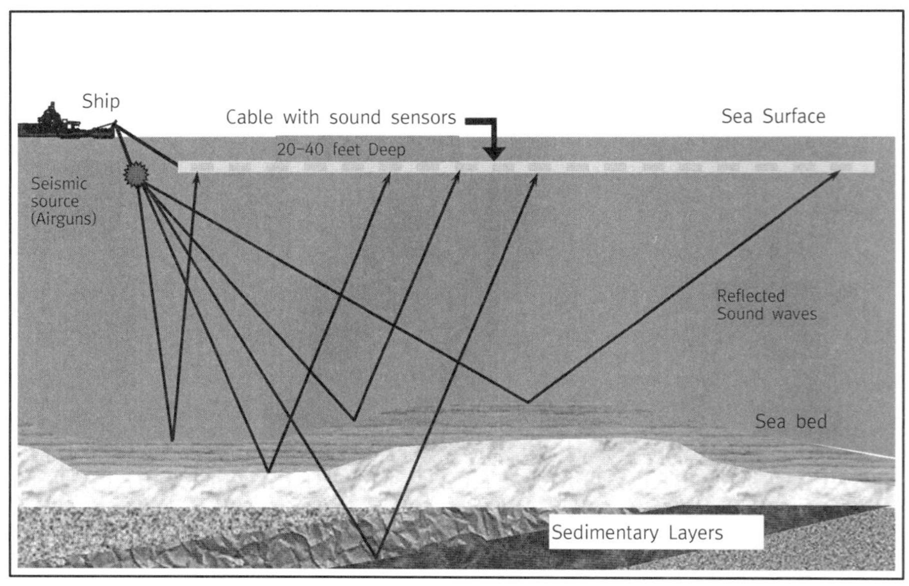

그림 5.37 탄성파를 이용한 탐사방법의 개략도

그림 5.38 SSV의 실제 탐사 모습

Chapter 6

해양구조물 설비 및 시추기술

(Offshore Equipments & Drilling Technology)

석유는 우리의 일상과 현대 정보 사회를 위한 핵심 에너지원이다. 시추는 석유의 부존을 확인하여 개발로 이어지게 하는 핵심적인 역할을 한다. 150년 이상의 역사를 가진 시추는 공학지식의 종합적인 응용이 필요한 분야로 각 작업에 대한 목적, 절차, 장비에 대한 지식을 필요로 한다.

석유자원을 탐사하고 생산하기 위한 E&P업계의 노력이 과거부터 계속됨에 따라 그 대상지역이 육상 및 천해지역뿐만 아니라 극지와 초심해 지역까지 확장되고 있으며, 해양 시추리그의 모태는 제2차 세계대전 전후로 개발된 보급선에 시추탑과 필요한 장비를 탑재한 것이었다. 해양시추의 역사는 석유자원의 탐사와 생산을 위한 시추가 가능한 수심의 한계를 극복한 과정이라 할 수 있다. 해양시추의 기술은 지속적으로 발전을 해왔으나, 비싼 일일운영비와 장비운영의 어려움 그리고 사소한 문제가 큰 문제로 발전할 가능성으로 인하여 심해유전의 시추와 개발은 쉽지 않다. 이러한 어려움을 극복하고 석유자원개발을 성공적으로 이루기 위한 심해시추 및 시추 신기술 개발에 대한 연구가 지금도 활발히 이루어지고 있는 추세이다.

6.1 해양구조물 설비

그림 6.1은 해양 설비의 전형적인 한 단면을 나타내며 그 주요 구성품은 다음과 같다.

(1) 시추탑(Drilling Derrick)

보통 오일을 생산하는 설비만 해당하는 것으로 새로운 웰을 시추하고 강화된 오일 회수를 위한 웰을 시추 그리고 기존에 존재하고 있는 웰을 개조 및 수리하기 위해 설비를 가동하는 동안 줄곧 사용된다.

(2) 축받이 크레인(Pedestal Cranes)

크레인은 유지보수를 하는 운전을 도와주며, 보급선에 있는 저장품들을 싣고 내리기 편리하게 하기 위해 사용된다.

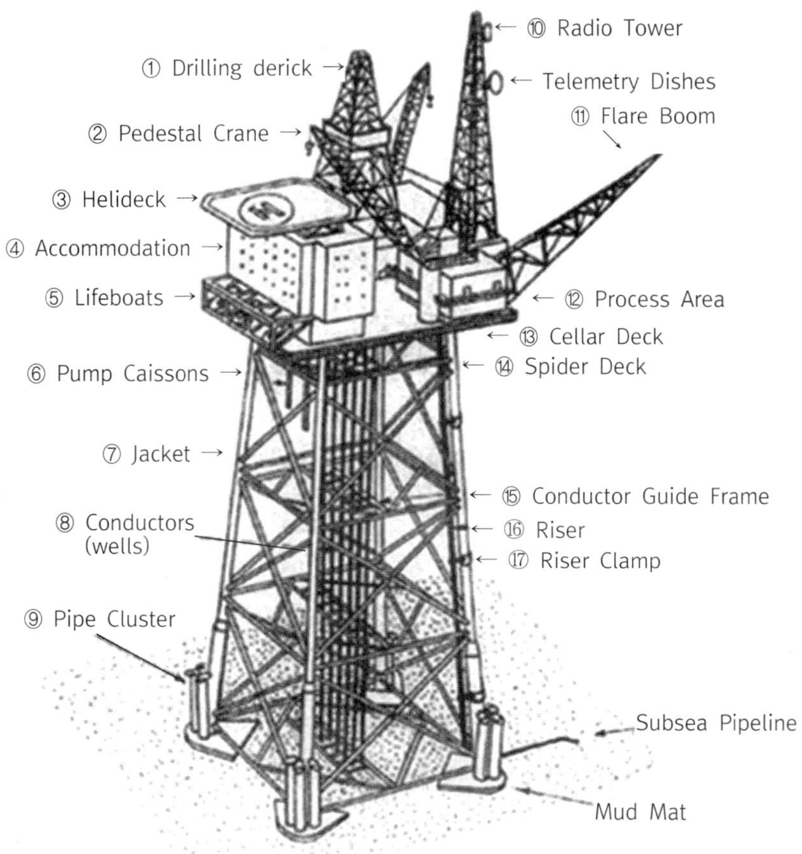

그림 6.1 해양 설비 개념도

(3) 헬리 데크(Heli-deck)

헬리콥터는 해양 설비 내부 혹은 외부로 인원을 수송하는 수단을 제공하며 이들은 비상시 1차적으로는 피난의 수단으로서 이용되고 있다. 영국 해안에서 헬리콥터와 헬리데크는 민간 항공 협회의 결정에 따르고 있다.

(4) 주거 시설(Accommodation)

주거 시설 블록에는 설비의 운전 및 유지 보수를 하는 선원들의 요구사항을 충족시켜 줄 수 있도록 설계된 호텔 서비스에 이르기까지 모든 영역을 제공하고 있다.

신규 설비상에서 주거시설은 일시적인 도피처로 활용되기도 하고, 비상시에는 선원들을 최대한 보호 할 수 있도록 설계되어야 한다.

(5) 구명선(Lifeboats)

어쩔 수 없이 설비를 포기해야만 하는 절대절명의 비상시에 구명선은 헬리콥터의 도움이 없을 경우 바다로 탈출하는 수단을 제공한다.

(6) 케이슨(Caisson)

최저 해수면 아래의 위치까지 뻗어 있는 관으로 된 철 배관 또는 케이싱(Casing)을 총칭하는 말이며, 이들은 소방 설비 및 서비스 용수 설비용으로 심해에 설치된 웰-펌프를 원활하게 하거나 배수를 위한 처리 통로를 제공하기도 한다.

(7) 자켓(Jacket)

상부구조 모듈을 위한 관(Tubular)으로 된 철 지지 구조물을 지칭한다.

(8) 도관(Conductor)/웰(Wells)

해저에서 웰헤드 지역까지 뻗어 있는 배관의 부위를 말하며 도관은 웰헤드와 크리스마스트리를 지탱하고 있으며, 저장소에서 설비에 이르기까지 오일 또는 가스가 흐르고 있는 케이싱 관 및 생산 튜빙이 여기에 해당된다.

(9) 말뚝 다발(Pile Clusters)

기초 말뚝을 감싸도록 하기 위해 심층수 자켓 상에 설치한다.

(10) 무선 안테나 기둥(Radio Mast)

철 탑(Steel Tower)은 위성(Satellite) 및 접시 모양의 원격측정 안테나(Telemetry dishes)와 같은 통신 부품의 편의를 제공하고 있다.

(11) 화염 배기관(Flare Stack)

오일을 생산하는 설비에만 해당되는 것으로 화염 배기관은 오일을 정제하는 과정에서 생산된 필요치 않는 가스 탄화수소 부산물을 태워 처리하기 위해서는 안전하고 가능한 한 멀리 떨어진 위치에 설치할 수 있도록 해야 한다.

(12) 공정지역(Process Area)

공정 지역은 압력 용기, 불순물을 없애기 위해 필요한 부수 장비 그리고 해저 배관 라인 상에서 이들을 토출하기 전에 오일 또는 가스에서 발생된 부산물까지 여기에 포함시킨다.

(13) 최하위 데크(Cellar Deck)

공정 지역에서 가장 낮은 곳에 위치한 데크를 말한다.

(14) 거미 데크(Spider Deck)

자켓 구조물의 검사 및 유지 보수를 편리하게 하기 위한 상부 수위선 위에 위치한 통로를 말하며 이것은 또한 비상시 바다로 탈출할 수 있는 통로를 제공한다.

(15) 도관 가이드 뼈대(Conductor Guide Frame)

가이드 뼈대는 웰 헤드의 도관이 측면으로 이탈하는 것을 막기 위해 해수면 위아래 양쪽에 일정한 간격으로 설치되어 있다.

(16) 수직관(Riser)

해저의 설비상에서 비상 차단 밸브(Emergency Shutdown valve, ESDV)까지 뻗어 있는 해저 배관라인의 부위를 말한다.

(17) 수직관 클램프(Riser Clamp)

클램프는 자켓에 부착되어 있는 수직관을 안전하게 보호할 목적으로 사용된다.

(18) 웰-헤드 지역(Well head Area)

웰-헤드 지역은 각 웰에서 공정용 장비에 이르기까지 말하며 탄화수소 생산물의 흐름을 조절하는 크리스마스트리도 포함시킨다.

(19) 동력발전(Power Generation)

대부분의 해양 설비는 해안으로부터 상당히 멀리 떨어져 있는 위치에 설치되어 있기 때문에 전기 발전을 포함하여 모든 면에서 자체적으로 충당할 수 있어야 한다. 발전기는 왕복 디젤 혹은 가스를 주입하는 기관으로 하던지 또는 가스 터빈에 의해 구동 되어질 수 있어야 한다.

(20) 벤트 배기관(Vent Stack)

가스를 생산하는 설비에만 해당되는 것으로 공정용 가스를 통과한 수직형의 끝단이 개방되어 있는 토출 배관(벤트 배기관)이며 압력저하 및 가스 공정 장비를 안전하게 유지하기 위해 대기 중으로 방출해야 된다.

(21) 머드 매트(Mud Mats)

부드러운 해저 상에 자켓이 뚫고 지나가지 못하도록 각각의 자켓 다리 하부에 부착된 철판을 말한다.

(22) J-튜브(J-Tubes)

자켓 구조물에 부착되어 있으며 끝이 열려 있는 'J'모양을 하고 있는 배관이며, 최하위 데크에서 해저까지 연결되어 있다. 이는 해저 웰에서 나오는 유연성이 있는 흐름 라인 및 탯줄 모양을 하고 있는 엄브리컬(Umbilicals)을 보호하기 위해 설치된다.

6.2 시추용 해양구조물

6.2.1 선각시스템

선각시스템은 시추장비를 해상에서 지지하는 역할을 수행하기 위해, 밸러스트, 복원성, 계류, DP 기능을 가진다. 또한 이와 관련된 모든 장비를 가동하기 위한 발전장치, 작업자들의 거주구, 냉각수 등 각종 유틸리티(Utility)시스템 등으로 구성된다.

1) 선각 탱크(Hull tank)

드릴쉽의 선체 하부에는 밸러스트탱크, 연료유탱크, 머드 저장탱크, 시추용 물탱크 등 여러 탱크들이 배치된다. 이들 탱크는 드릴쉽의 시스템 운용에 필요한 여러 용품이나 유틸리티를 보관하는데, 밸러스트탱크를 제외하고 대부분 정기적으로 필요한 양을 외부로부터 공급받는다.

2) 발전기(Electric generator)

선박내의 각 모터, 선내조명등의 구동용 선내전기를 발생 시키는 엔진(그림 6.2)으로 선박 내에서는 육상의 비상용 자가 발전기처럼 필요한 수요의 전기를 스스로 만들어 쓰고 있다. 발전기는 드릴링리그에 설치된 모든 장비의 원동력이 되며, 높은 압축비를 이용하여 낮은 연료소비로도 사용할 수 있는 디젤기관을 주로 사용한다.

그림 6.2 해양구조물에 쓰이는 발전기

3) 동적위치제어(Dynamic Positioning, DP)

DP란 하나의 단순한 장비나 시스템이 아니라 여러 독립적인 장비들의 통합적인 시스템이라고 할 수 있다(그림 6.3). 구성은 크게 콘트롤 컴퓨터, PRS(Position Reference System), Sensor, Thrusters, MMI(Operationg Station), Power Management Stetem, DPO로 구성 되어있다. 콘트롤 컴퓨터는 각 장비로부터 데이타를 수신 후 계산을 하여 위치유지를 위해 필요한 쓰러스터 파워를 계산하여 Thruster로 Demand신호를 보내고 feedback 신호를 수신한다.

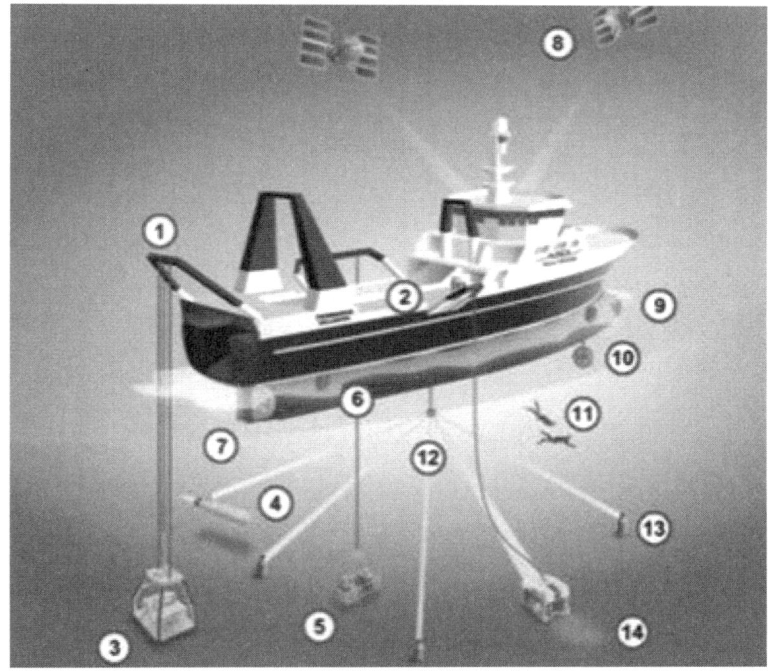

① 35 Tonne A-frame
② 10 Tonne A-frame
③ Cone Penetration Testing or Seabed Drilling Equipment
④ Autonomous Underwater Vehicle
⑤ Underwater Cameras
⑥ 800 kW Stern Thruster
⑦ 3000 kW Main Propulsion
⑧ Satellite Positioning
⑨ 600 kW Bow Thruster
⑩ 800 kW Retractable Azimuth
⑪ Dive Support
⑫ HiPAP 500
⑬ Seabed Transponder
⑭ Remotely Operated Vehicle

그림 6.3 DP의 세부 모습

PRS(Position Reference System)은 GPS, Sonardyne, Fanbeam 등 본선의 위치를 수신하는 시스템이며, Sensor는 본선의 움직임이나 풍향속을 측정하는 장비로써, 종류로는 Wind Sensor, Gyro, Motions Sensor 등이 있다. Thruster는 프로펠러로 본선을 유지하는 추진력을 제공하는 장치이며, MMI(Man Machine Interface, Operation System)은 DPO가 장비 조작을 할 수 있는 인터페이스를 제공하는 장비다. Power Management System은 필요한 전력을 관리하는 시스템이며, 과도한 전력 사용 시 전력을 다운시키는 기능, 블랙아웃 방지기능 등의 역할을 수행한다. 마지막으로 모든 시스템을 운영하는 DP Operator가 있다.

4) 쓰러스터(Thruster)

선박이 부두에 접·이안할 때에는 조종보조용으로 예선을 이용하게 되며 특히 대형선에서는 예선의 사용이 필수적이다. 그러나 예선의 사용료가 비싸고 또 항구의 사정에 따라서는 예선의 확보가 어려워 접안과 이안에 지연을 초래하는 경우가 많으므로 최근에 건조되는 선박에서는 예선대신으로 활용할 수 있는 장치로 Bow thruster 와 Stern thruster를 설치하며 이러한 선박은 선수와 선미에 예인선을 이용하는 것과 같은 효과를 얻을 수 있다. Bow thruster의 마력은 선수배치 예선추력의 1/2정도이며, 설치는 용골 상 2.4 m 이상에 설치하고, 수면하로 최소한 0.6 m 이하에서 유효하게 작동하며, 또한 전진 선속이 약 5~6노트 이하에서 그 기능을 발휘할 수 있다. Thruster(그림 6.4)는 DP시스템을 작동시키는 모터와 프로펠러로 구성된다.

쓰러스터의 3D 모형도

쓰러스터의 실제 모습

그림 6.4 쓰러스터의 3D 모형도와 실제 모습의 비교

6.2.2 시추선 장비(Drill Ship Equipment)

잭업 또는 고정식 설비와 같이 하부를 지탱하고 있는 구조물로부터 웰을 시추하기 위해 사용되는 공정 및 장비를 설명하고자 할 때의 시추 운전은 시추선 또는 반잠수식 선박에 의해 이행될 수 있으며 이때는 수심을 지시하고 있는 곳의 상태를 생각해야 한다. 웰을 시추하는 절차는 사용되고 있는 배의 형식이 고정식 혹은 부유식인지에 따라 비교적 큰 영향을 미치지는 않는다.

장비를 선정할 때 일어날 수 있는 주요 변경 요인은 해저층 및 시추 작업장 사이의 공간을 얼마나 차지할 것인지에 달려 있으며, 이러한 장비에는 해저층과 관련된 배의 운동을 원활하게 해 주는 운동 혹은 'Heave Compensation System' 등이 포함된다.

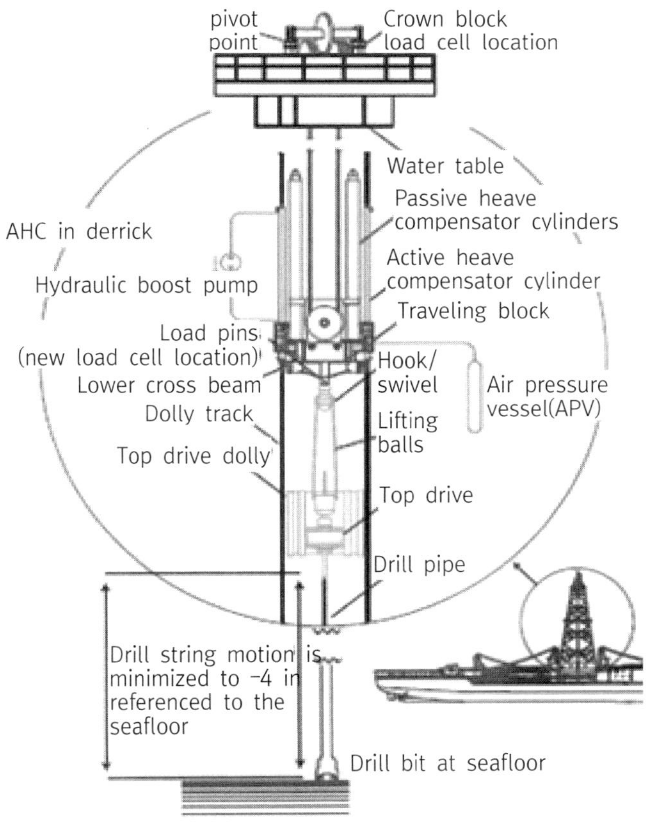

그림 6.5 드릴쉽의 기본적인 장비 개략도

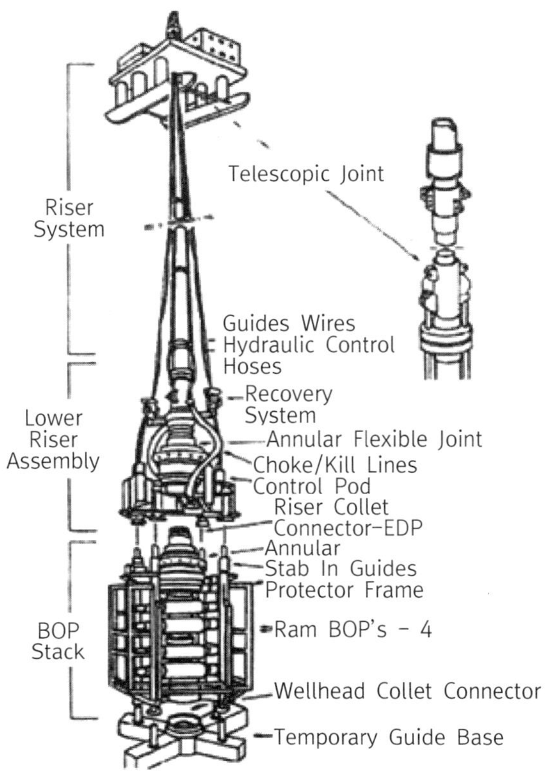

그림 6.6 시추선 장비

1) 가이드 기초물(Guide Base)

시추를 한때 가장 먼저 수행해야 할 작업은 해저층 상부에 가이드 기초를 설치하는 것이며 이러한 가이드 기초물을 통하여 시추운전이 진행하게 된다. 시추선에서 가이드 기초까지 와이어를 연결해 두는 것은 시추동과 웰헤드 장비의 위치를 잡는데 도움이 된다.

시추를 시작하기 전에 도관은 가이드 기초를 거쳐 해저층 속으로 끝이 뾰족한 쇠말뚝(Spud)을 박아 둔다. 도관은 부드러운 해저층을 안정화 시키고, 시추 절단물을 처리하기 위한 일종의 통로를 제공하며 중간 케이싱 동을 지탱하기 위한 부유 시스템과 통합되어 있다. 또한 부유시스템의 상부는 웰헤드 커플링에 연결시킬 수 있도록 설계되어 기계 가공된 이음 고리가 부착되어 있다.

2) 분출 방지기 배기관 BOP(Stack)

부유식 구조물에서 시추작업을 수행하게 될 때, 분출 방지기는 해저층 위에 설치된다. 이는 비상시 시추 프로그램을 중단하고 선박을 이동하거나 웰을 확실하게 안전한 상태로 유지 시킬 수 있도록 하기 위함이다. 분출방지기 배기관은 관으로 만든 구조물 내에 설치된 환형 분출 방지기와 램형 분출 방지기의 조합으로 이루어져 있다. 이 구조물은 운반 도중에 분출방지기의 내부를 보호하고 배기관을 가이드 기초에 연결시켜 설치하게 될 때, 도움이 되도록 위치를 잡아주는 장치가 설치되어 있다. 원격으로 조절되는 유압 커플링은 분출 방지기 배기관의 아래 부분에 있는 도관에 연결시키고 배기관의 상부는 수직관에 연결시킨다. 맨 위에 설치된 연결기는 종종 '비상 분리 패키지(Emergency Disconnect Package, EDP)' 라고 부른다.

3) 해양 수직관 플렉시블 이음(Marine Riser Flexible Joint)

비상 분리 패키지와 해상 수직관 사이에 위치한 플렉시블 볼이음은 웰헤드와 관련된 시추선이 어느 일정한 측면으로 이동하게 될 때 이를 견딜 수 있다. 두 번째 볼 이음은 수직관의 상부에 설치되어 있으며, 종종 디버터 속에 통합되어 있다.

4) 해상 시추 수직관(Marine Drilling Riser)

분출 방지기 배기관에서 시추선까지 연결되어 있는 강철배관의 길이를 해상 시추 수직관이라 부르고 있으며, 이는 시추용 머드가 다시 되돌아오는데 있어서 하나의 통로를 제공하기 위함이다. 또한 수직관에는 신축자재 이음이 부착되어 있으며, 상부의 절반은 장력 시스템으로 연결되어 있다.

5) 신축자재 이음(Telescopic Joint)

신축자재 이음은 해저층에 부착된 고정되어 있는 시추 수직관의 하부와 시추탑에 연결된 시추용 수직관의 상부 부위사이를 상대적으로 수직 이동을 가능하게 해 준다. 이것은 시추용 수직관의 상부에 위치한 유압 혹은 공기로 작동되는 충진 물질로 구성되어 있다.

6) 수직관 장력 시스템(Riser Tensioner System)

'수직관 장력 시스템' 또는 '전위 보정 시스템' 은 시추 수직관이 일정한 장력을 유지하여 선체가 움직일 때 나타나는 효과를 최소화 시킬 수 있도록 설계되어진다. 이 시스템은 상하운동을 유발시키는 수직 파고를 최대 15 m까지 수용할 수 있다. 시추용 수직관의 상부 부위에 연결되어 있는 와이어는 충격 흡수제와 같은 역할을 하는 유압식 혹은 공기식 실린더에 연결되어 배가 위로 올라갈 때 팽창되고 아래로 내려갈 때 수축하게 된다.

7) 시추동 장력 시스템(Drill String Tensioning System)

활동 도르래의 수직관에 장력을 주기 위해 도입된 것으로 '전위 보정 시스템'에 설치한다. 고리는 활동 도르래와 분리되어 시추동을 항상 일정한 하중을 유지할 수 있도록 해 주는 공기/유압으로 작동되어지는데 이는 피스톤 조합 안에 부착되어 있다.

8) 디버터(Diverter)

디버터는 시추용 수직관의 상부에 위치해 있으며, 시추 초기단계에 발생할 수 있는 웰 구경 속으로 탄화수소가 유입되는 것을 방지한다.

9) Choke and Kill 라인

해저 Choke & Kill 라인의 연결은 압력을 배출 할 수 있는 매니폴드로 되어 있으며 또한 시추용 머드를 어느 한쪽에 연결시켜 펌핑하기 때문에 표면 웰 상에서의 Choke & Kill 라인의 연결과는 약간 차이가 있다. 또한 Choke & Kill 라인의 연결은 단단한 강철 배관으로 해양 시추 수직관의 외부를 따라 설치되어 있으며, 분출 방지기 배기관의 연결 부위는 플렉시블 커플링(Flexible Coupling)에 연결되어 있다. Choke & Kill 라인의 연결 부분에는 파고의 움직임을 흡수할 수 있도록 적절한 크기로 설계된 플렉시블 호스를 연결한다.

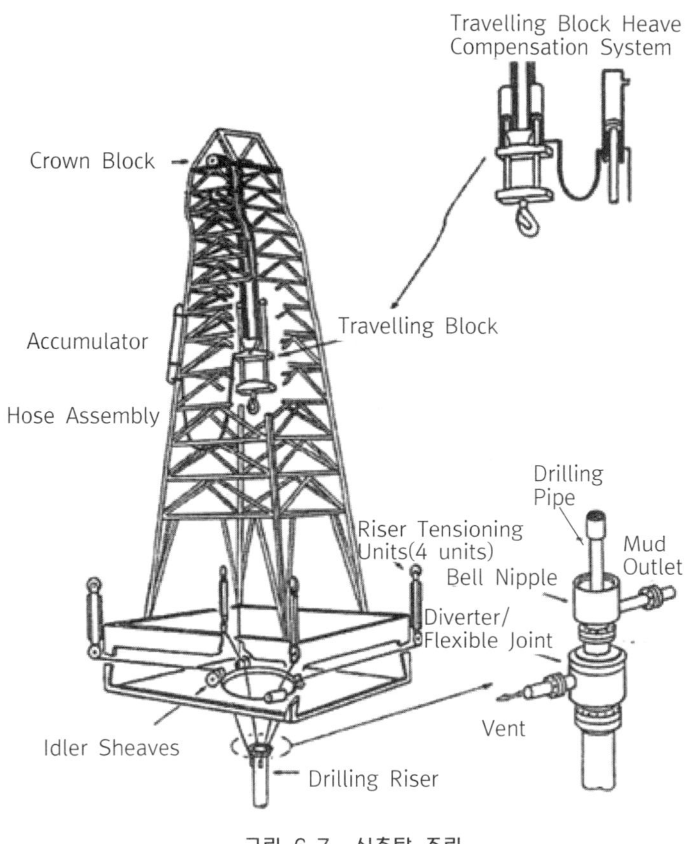

그림 6.7 시추탑 조립

10) 초크 매니폴드(Choke Manifolds)

초크 매니폴드는 웰 킥 발생을 제어하기 위해 여러 개의 밸브가 조합되어 있는 것으로, 분출 방지기 배기관의 초크 라인을 통해 올라온 압력이 조절용 초크 밸브를 통해 분출하게 되는데, 이때 유입된 지층수가 혼합되어 있는 더는 머드-가스 분리기를 거쳐 머드 회수 탱크로 보내지며 가스는 대기 중으로 배출시킨다.

11) 머드/가스 분리기

조절용 초크 밸브를 거쳐 나온 지층수가 유입된 머드를 장비를 통하여 가스를 제거하고 난 후 다시 머드를 회수 탱크로 보내기 위한 장치이다.

그림 6.8 초크킬매니폴드의 모습

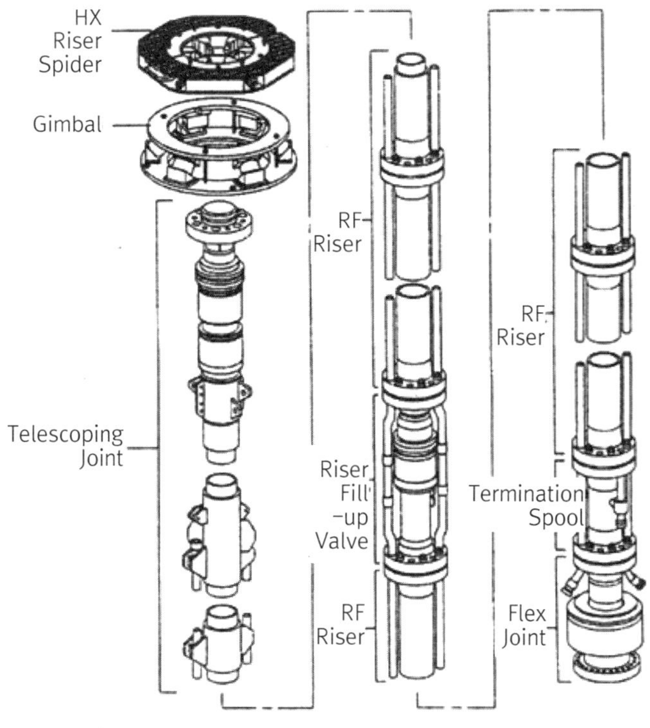

그림 6.9 해저 수직관 시스템

6.3 시추기술 및 장비

6.3.1 웰(The well)

탄화수소 매장물은 보통 2,100~3,650 m 사이에 주로 매장되어 있지만 간혹 4,000 m이상의 깊이에서도 발견되고 있다(최근에는 시추 깊이가 약 10,000 m이상인 시추선들이 건조 되고 있는 실정임). 또 한 가지 생각해 볼 수 있는 것은 만약에 그와 같은 깊이로 하나의 시추공(Hole)을 시추하게 될 경우, 여러 단계에 걸쳐서 시굴하여야 하며 암석층에 의해 발생된 외부 압력에 견딜 수 있도록 보강해야 한다. 이 과정은 부드러운 바위나 모래를 통과하게 될 때 추가로 지지체를 필요로 하는 터널을 시공하는 것과 비교해 볼 수도 있다. 그러나 터널과는 달리 시추공은 매장물의 압력으로 내부 압력을 견딜 수 있도록 보강을 하지 않으면 안 된다.

시추 작업을 하는 동안 밀도가 높은 시추용 머드(Cutting fluid)의 기둥은 시추공을 안정화 시키고 느슨한 지층 생성물의 유입을 막아준다. 각각의 중간 단계의 시추공이 완성 되자마자, 케이싱 동(Casing String)이라고 일컬어진 강철 배관을 삽입시켜 영구적인 지지체를 제공하며 이들 케이싱 관은 약 9 m 길이의 배관을 서로 스크류로 연결하여 시추 작업 시 시추공 속으로 집어넣을 길이로 미리 조립해 둔다. 이때 시추를 시작하기 전 암석층 속으로 케이싱 관을 넣어 시멘트로 채우게 된다.

(1-1) 웰 제작(Well Construction)

① 시추 작업은 도관(Conductor)이라고 알려진 구경이 상당히 큰 강철 배관을 설치하면서부터 시작된다. 이러한 도관은 직경이 750~900 mm 인데 연속적인 시추작업의 기초가 되며, 중간 케이싱 동(Intermediate Casing String) 등을 지지하는 역할을 한다.

② 도관은 예비로 시추된 시추공(Pre-drilled hole) 속에 설치하여 시멘트를 고정시키거나 혹은 해저층에 직접 말뚝을 박아 넣는다. 도관을 박아 넣을 수 있는 깊이에는 한계가 있다. 이때 지층 생성물은 배관 중심으로부터 시추를 먼저 하고 난 다음 말뚝을 박으며 도관을 해저층 속으로 60~240 m 까지 박아 넣는 것을 반복한다. 그 후 처음 시작되는 머리 부위를 도관 상부에 고정시키고 Diverter를 설치하게 된다.

③ 약 600 m 깊이까지 파고 두 번째 시추공을 시공하면서부터 본격적인 시추작업이 시작된다. 이 시추공이 완성되면 시추동을 제거하고 첫 번째 중간 케이싱 동을 시추공 속의 자리로 내려 보내 시멘트 작업을 실시한다. 케이싱 머리 부분의 스풀(Spool)은 시작되는 머리 부위 위에 설치하고 이러한 머리 부위는 케이싱 상부를 지지하고 밀봉하며 분출 방지기배기관에 임시 거처를 마련하게 된다.

④ 시추 시 연속적인 시추공의 수, 깊이 및 직경은 암석층의 형태와 탄화수소가 저장되어 있는 저장소의 전체 깊이에 지배를 받게 된다. 시추용 비트는 대략적으로 매 900~1,800 m 마다 직경이 줄어들게 하여 시추공을 케이싱 안에 집어넣는다. 그러나 가끔 시추공이 함몰 되었거나 시추용 머드가 지층 속으로 사라져 시추 프로그램이 지연되고 중간 케이싱 동의 설치가 지연되는 경우도 있다. 그러나 시추공을 보강하고 더 작은 직경의 시추용 비트를 사용함으로서 시추작업을 계속 진행시킬 수 있다.

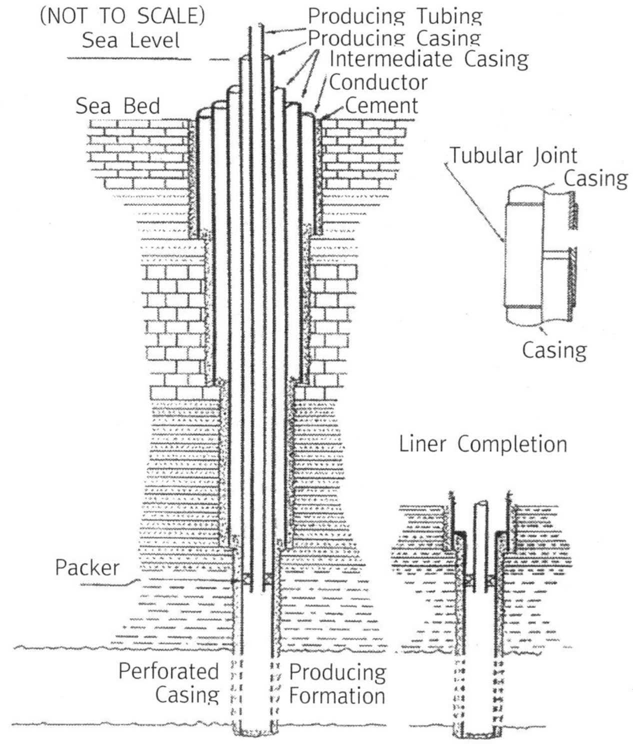

그림 6.10 전형적인 웰 케이싱 배열

⑤ 최종적으로 시추용 비트는 탄화수소가 있는 지층 속으로 뚫고 들어가게 된다. 필요한 깊이까지 시추공을 뚫었을 때, 시추동을 조심스럽게 제거하여 웰이 완성 되도록 하고, 시추용 머드를 시추공 안에 집어넣어 정수압수두(Hydrostatic Head)를 가진 탄화수소 생성물이 빠져 나오지 못하도록 한다. 웰에는 생산 케이싱 동을 설치함으로서 마무리하게 되며 이 생산 케이싱 동의 설치 시에는 다음의 세 가지 방법 중 하나를 채택하게 된다.

■ 케이싱 완성

그림 6.10 에서 보여주는 바와 같이, 생산용 케이싱 동은 시추공의 바닥까지 연결 되어 앞서 언급한 케이싱 동과 같은 방법으로 시멘팅 작업을 실시한다,

■ 라이너(Liner) 완성

그림 6.10 에서 보는 바와 같이 케이싱 또는 라이너는 앞서 설치된 케이싱의 하단부에 연장되어 있으며, 표면으로 되돌아오지 않는다. 이들은 시추동이 부착되어 있는 끝단에 설치하여 시멘트 작업을 실시하기 전에 충진 장치에 의해 보호를 받는다. 라이너 완성은 광범위하게 사용되며 일반적으로 3,650 m 이상인 케이싱에서는 상당한 절감 효과를 가지고 온다.

■ 개방된 시추공 완성

개방되어 있는 시추공의 완성은 탄화수소를 함유하고 있는 지층에 인접해 있으며, 이때 시추공은 케이싱을 하지 않는 상태로 남겨두는데, 케이싱 혹은 라이너는 시추공의 상부에서 마무리 된다.

⑥ 최종단계 전 작업은 탄화수소를 가지고 있는 지층으로 관통시키기 위한 준비로 생산용 튜빙과 크리스마스트리를 설치하여 생산을 시작하게 된다. 생산용 튜빙은 본래 크리스마스트리 하부에 위치한 튜빙용 행거(Hanger)에 매달려 있는 구경이 작은 케이싱 동이며 충진 장치에 앞서 케이싱 하단부를 지지하게 된다. 이러한 배열은 나중에 웰을 개조하게 될 때, 튜빙을 쉽게 제거할 수 있도록 해준다. 생산용 튜빙은 머드라인 안전밸브 및 웰을 수리/보수 운전을 하는 동안 웰을 차단할 목적으로 사용되는 강철로 만든 플러그를 원활하게 작동할 수 있도록 설계 및 가공된 오목한

부위 또는 니플(Machined Recesses or Nipples)을 포함하고 있다. 충진기 바로 아래에 위치한 케이싱을 제외하고 생산용 튜빙은 저장소 압력에 직접적인 영향을 받고 있고 또한 웰 내부에 위치한 구성품이며 생산용 튜빙을 거쳐서 오일과 가스가 표면으로 흘러나오게 된다. 일단 크리스마스트리를 생산용 튜빙 행거에 니플 혹은 볼트화(Bolted up) 시켜 수압시험을 실시하고 난 후 관통시키는 운전을 시작할 수 있다.

⑦ 마지막으로 구멍을 뚫는 작업을 시작하기 전에 반드시 웰 구경을 케이싱 동 내부에 저장되어 있는 탄화수소의 지층으로부터 분리시켜야 하는데 이것은 웰 보존 유체(보통 이것을 강염수 도는 경유라 칭함)로 가득 차 있다. 구멍을 뚫는 작업은 탄화수소가 저장되어 있는 지층 옆에 있는 케이싱 동에 마지막 남은 거리까지 관통 시키는 것을 말하며, 이 거리는 경우에 따라 수백 미터가 될 수도 있다. 이를 위해 와이어 라인을 도구 동에 연결시켜 특정 형태를 가진 폭발성이 있는 전하를 웰 속으로 내려 보내 원격 제어 방법으로 폭파시켜 구멍을 뚫게 된다. 이러한 성형폭발 전하는 강철 케이싱과 시멘트 안에서 폭발하여 웰 경속에 매장된 생성물이 통과하도록 해 준다. 초기에 생산용 튜빙 안으로 오일 또는 가스가 들어가는 것은 보존 유체의 정수압수두에 의해 이를 막아주어 탄화수소의 흐름이 시작된다. 웰을 라인 상으로 가져오게 하는 두 가지의 방법으로 '코일 튜빙(Coli Tubing)' 혹은 '블랑켓 가스(Blanket Gas)' 가 있다.

■ 코일 튜빙

코일 튜브는 소구경의 강철관을 크리스마스트리를 통과시켜 웰의 밑 부분까지 삽입시키게 된다. 튜브를 통해 들어가는 고압의 질소 가스는 탄화수소의 흐름이 시작될 수 있도록 보존 유체와 교체할 수 있도록 보조해 준다.

■ 블랑켓 가스

구멍을 뚫기 전에 보존 유체의 정수압수두는 저장소의 압력보다 낮게 유지하여 질소가스가 웰 구경 내에 채워지게 된다. 강염수 및 질소에 의해 조합 시켜 만든 압력은 저장소의 초과하게 되어, 필요한 안전 장벽을 형성하게 된다. 구멍을 뚫고 난 후 질소 가스는 대기 중으로 방출하게 되며, 압력의 감소는 저장소에 있는 생성물들이 남아 있는 강염수 칼럼으로 교체되어 흐름이 시작된다. 암석층

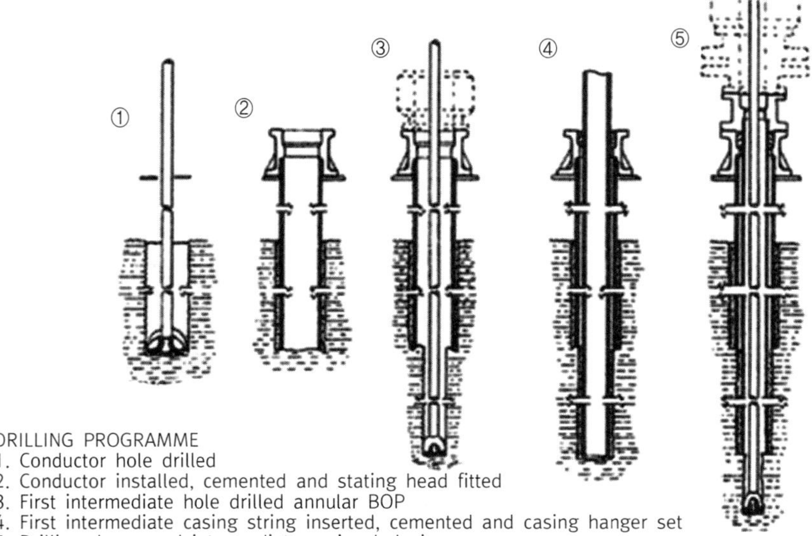

그림 6.11 시추 프로그램

에 시추공의 시추 및 중간 케이싱관의 설치를 다루게 될 때 어떻게 하면 케이싱 및 생산용 튜빙을 생산용 플랫폼 상에서 보호 할 수 있을 것인지를 생각해 보아야 한다. 보호 시스템은 웰 헤드라는 말로 사용되고 있다.

(1-2) 시멘트 작업

앞서 설명했던 바와 같이 웰은 각기 강철 케이싱 동을 연결시켜 단계별로 시추하게 되며, 강철 케이싱은 지층 속에서 시멘트에 의해 견고하게 보호를 받게 된다. 케이싱관을 시멘트로 처리하는 것(그림 6.13)은 아주 견고하고 튼튼하게 조립할 수 있으며 지층으로부터 흘러나오는 소모성의 생성물에 대해 보호해 주는 역할을 한다.

시추 작업이 단계별로 마무리 되고 나서 케이싱 동을 삽입하기 전에 시추공의 상태를 먼저 점검해야 한다. 상태 점검은 시추용 머드를 조절용 유체로 대체하는 것을 말하며 그들이 발생하게 될 때 시추공 안으로 탄화수소가 유입되는 것을 막기 위해 일반적으로 적절한 중량을 가진 강염수 용액을 사용한다. 상태 점검의 과정은 시추용 머드에 잔존하는 기름을 제거하여 케이싱과 시추공 사이를 시멘트에 의해 양호하게 결합할 수 있는 기회를 높여 주며 적절하게 조절된 시추공 안에 케이싱 동을 설치하여 시작하게 된다.

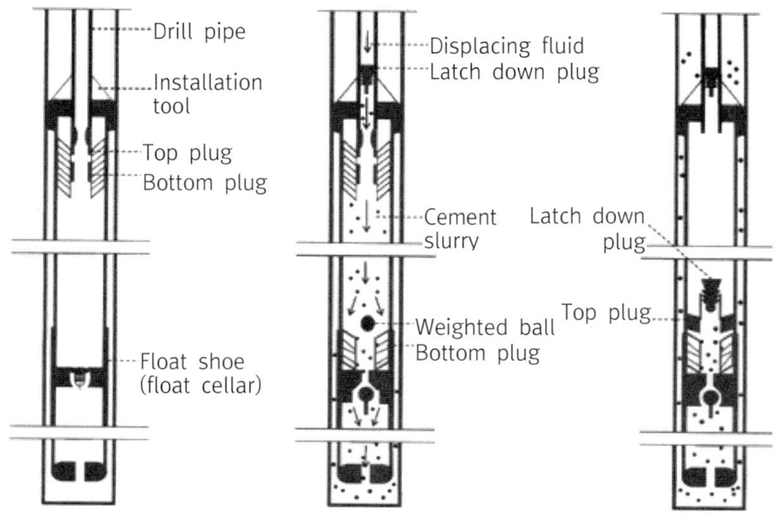

그림 6.12 시멘팅 과정

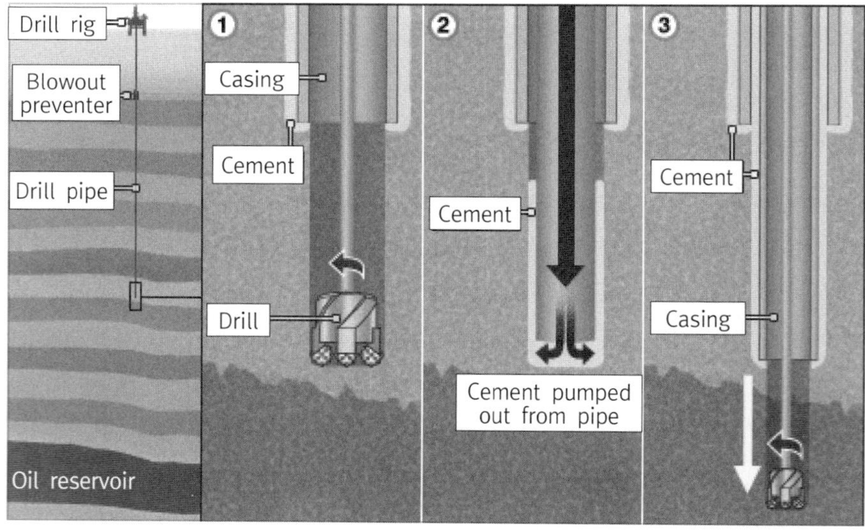

그림 6.13 시멘트 작업

시추공 속으로 내려 보낸 각 케이싱 동의 첫 부위는 내부 가이드 슈(Internal Guide Shoe)와 역제 밸브(Non-return Valve)가 들어 있는 부유 이음 고림(Float Collar)를 설치하는 것이다. 연속해서 설치되는 케이싱에는 일정한 간격으로 밖으로 되튀는 철 집중기(External Sprung Steel Centralizer)를 설치하게 되는데, 이는 시추공 내부 중심부에 위치하며 시멘트가 흘러 내려가는데 있어 제한되지 않는 통로를 확인하기 위함이다. 시멘트 공정은 최종 케이싱이 시추공 안으로 들어갔을 때부터 시작된다.

첫 번째 작업은 부유식 플러그를 케이싱 안으로 삽입하는 것인데, 이것은 보존 유체와 시멘트 사이에 장벽을 만들어 주기 위함이다. 이때 필요한 시멘트의 양은 케이싱, 시추공의 크기로부터 계산된 부피와 케이싱 동의 외부 직경으로 펌핑 하게 된다. 그 후 두 번째 부유식 플러그를 시멘트 위에 위치시키고 시추용 머드 시스템을 다시 연결한다.

케이싱은 거대한 주사기와 유사하다. 즉, 시추용 머드에 압력을 가함으로서 시멘트 기둥은 케이싱 안에서 천천히 아래로 내려가 케이싱 바닥의 부유식 이음 고리에 위치한 역지 벨브가 있는 곳까지 내려진다. 하부 플러그가 역지 밸브와 접촉하게 될 경우, 플러그 내에 있는 다이아프램(Diaphragm)이 파열되어 시멘트가 플러그 속을 통과하도록 해주어 시추 시 형성된 공간과 케이싱 바깥쪽 사이의 공간을 채우게 된다. 또한 상부의 플러그와 하부의 플러그가 접촉하게 될 때 저항은 급속히 증가되고 시추용 머드의 압력이 올라가게 되는데 이는 시멘트 공정이 완료되었다는 것을 암시한다.

시멘트는 다운홀(Downhole)의 온도에 따라 굳어지는데 대개 6~24시간이 걸리며,이 기간 동안에는 부유식 이음 고리 안에 설치된 역지 밸브에 의해 시멘트는 케이싱 속으로 되돌아오지 못하게 된다.

(1-3) 웰 제어 장비

Diverter와 분출 방지기는 리그 상에 설치된 장비들 가운데서 가장 중요한 장비라고 여겨지며 그러한 설명을 지속적으로 하는 이유는 먼저 시추 운전을 기본적으로 이해해야만 이 장비들의 기능이나 특성을 이해할 수 있기 때문이다. 기본적으로 Diverter와 분출 방지기는 웰이 제어 기능을 상실 했을 때 시추 요원들이 이에 대한 수정 조치를 할 것인가, 아니면 그것을 포기해야 할 것인가를 판단할 수 있는 시간적인 여유를 줄 수 있는 최후의 방어선이다.

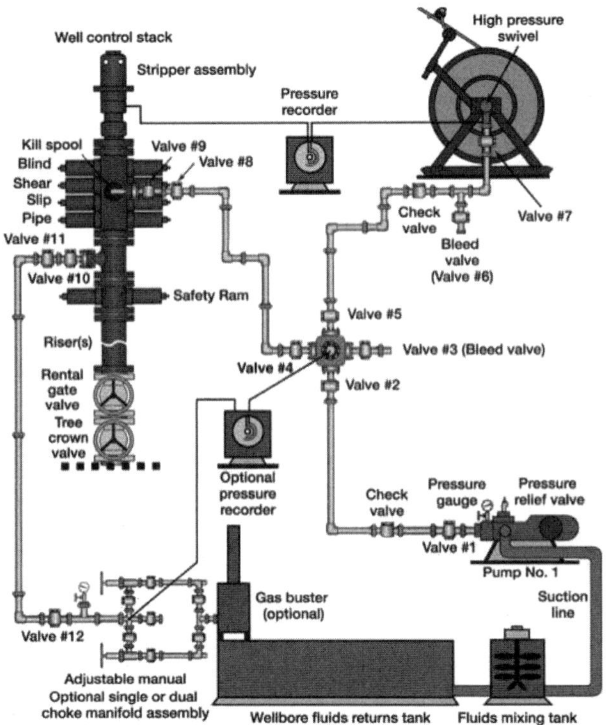

그림 6.14 웰 제어 배열

■ Diverter

명칭에서도 알 수 있듯이 Diverter는 기본적으로 가스와 같은 웰 유체의 예기치 않은 방출물들을 안전하게 배출할 수 있는 위치로 전환해 주는 역할을 한다. Diverter는 도관의 상부에 위치해 있고 시추용 비트가 그 안으로 통과할 수 있도록 되어 있으며 시추관 또는 켈리 둘레를 밀봉 시킬 수 있도록 해준다.

정상적으로 시추작업을 하는 동안에는 Diverter의 Vent라인은 닫혀져 있고 되돌아 올라오는 시추용 머드는 벨 모양의 하우징 속으로 들어가고 난 다음 다시 이수 분리기 속으로 보내어 진다. Diverter의 작동은 시추동을 둘러싸고 있는 충진 요소(Packing Element)를 닫히게 되며, 연이어 벤트를 열어서 대기 중으로 어떠한 방해도 받지 않고 웰 유체를 내보내게 된다.

Diverter는 어느 특정 회사의 제품을 사용하든지 아니면 매니폴드를 직접 제작하여 재래식 환형의 분출 방지기(Annular Blowout Preventer, BOP)를 조합하여 사용할 수도 있다.

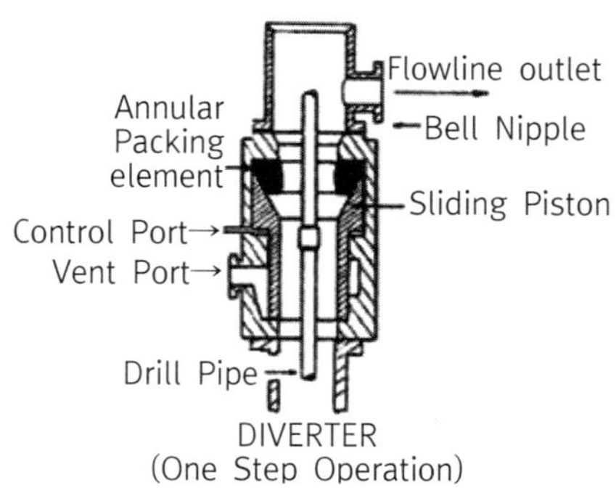

그림 6.15 해양 수직관 Diverter 개념도

반잠수식 시추 리그 또는 시추선으로 웰을 시추할 때는 해저에 분출 방지기 배기관을 설치하여야만 하며, 이런 경우에 디버터는 시추 프로그램 전반에 걸쳐 예방 수단으로 통상 해상 수직관 상부에 설치된다.

최근 수년 동안 Diverter 기술에서 가장 괄목할 만한 발전은 리그에서 보다는 오히려 웰헤드에서 전환된 개념이었다. 이것은 Diverter를 시추용 수직관의 상부에 설치하는 것 외에 해저층에 또 하나를 추가 시켰는데, 이는 웰 유체를 바다 속으로 배출하도록 해 주기 위함이었다. 이로 인해 시추 초기 단계에 시추 작업장 위에서 가스가 누출됨에 따른 위험 가능성을 피할 수 있었다.

■ 분출 방지기(Blowout Preventer)

분출 방지기의 기본적인 기능은 웰구경 안에 웰유체를 가둬두는 것이다. 또한 분출 방지 시스템은 분출 방지기 배기관, Choke and Kill 밸브, 초크 매니폴드 그리고 유압으로 구동 되는 제어장치로 구성되어 있다. 분출 방지기의 2가지 기본적인 형식은 환형과 램형이 있다.

■ 환형 분출 방지기(Annular BOP)

환형 분출 방지기(그림 6.16) 또는 켈리 주위를 밀봉시켜 주는 강화된 합성고무 충진 물질(Reinforced Elastomeric Packing Element)의 협착 부위에 의존한다. 유연성이 있는 충진 물질은 직경과 교차 부위의 현저한 변화를 수용하지만 전형적으로 램 형식의 분출 방지기만큼 높은 압력에는 견딜 수가 없다.

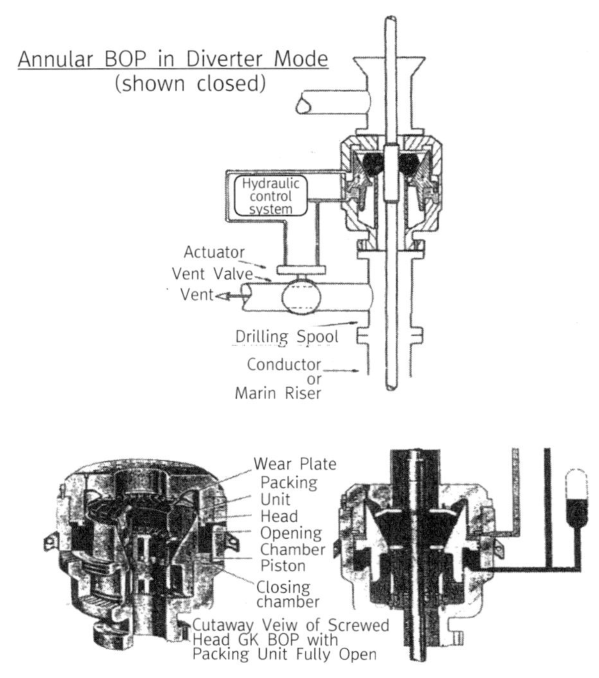

그림 6.16 환형 분출 방지기(Annular BOP)

결과적으로 저장소의 끝단의 압력을 유지하는데 있어, 이에 더욱 적합한 램 형식의 분출 방지기와 함께 사용되고 있다. 웰 구경 압력을 포함하고 있는 것 외에 환형 분출 방지기는 또한 웰 압력 하에서 시추용 배관의 수직 운동 및 웰에 케이싱을 넣고 빼내는 것을 포함하여 스트립핑(Stripping) 및 갑자기 멈추는(Snubbing) 운전에도 사용되고 있다.

■ 램형 분출 방지기(Ram Type BOP)

앞에서도 언급했던 바와 같이, 램형 분출 방지기(그림 6.17)는 환형 분출 방지기와 조합하여 사용되며, 다음 4가지 형식 중에서 하나의 형식을 취하고 있다.

◆ 배관 램(Pipe Rams)

이들은 다양한 형식의 크기로 공급되어 지며 시추용 배관을 닫고 밀봉할 수 있도록 설계가 되어 진다.

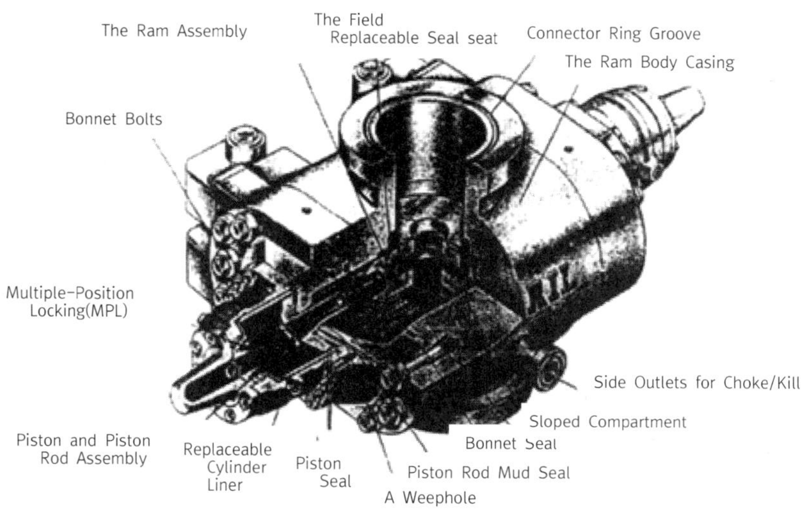

그림 6.17 램형 분출 방지기

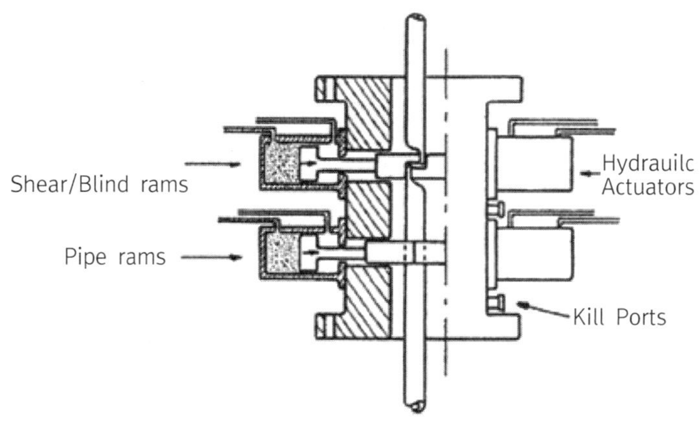

그림 6.18 램형 분출 방지기의 개략도

◆ 가변 형 램(Variable Rams)

이들은 제한된 배관경을 닫히고 밀봉 시킬 수 있다.

◆ 블라인드 램(Blind Rams)

이들은 서로를 밀봉 시키며 시추용 배관이 없는 웰 구경을 밀봉 시킬 수 있도록 설계가 되어 진다.

◆ 블라인드/전단변형 램(Blind/Shear Rams)

이들은 기본적으로 기상조건이 웰로부터 리그를 신속하게 분리시킬 필요가 있는 곳에서 해저 시추 운전을 수행하는 동안 사용된다. 블라인드 램은 시추동을 절단할 수 있는 절단 가장자리를 가지고 있으며, 오랫동안 웰 구경내의 고압, 고온의 웰 유체를 밀봉 시킬 수 있다. 일반적으로 유압으로 조절되고 오류 시에도 안전한 상태를 유지하는(Fail Safe) 동력 장치에는 유체의 동력이 램 운전을 위해 제공되며 환형 피스톤은 환형 분출 방지기에만 사용되고 있다.

6.3.2 시추 장비(Drilling Equipment)

웰의 기본 공정을 간략하게 설명하면 시추를 종료하고 난 후 마무리 단계 작업에 적용되는 것이며 잭업 혹은 고정식 설비와 같이 해저층을 지지하고 있는 구조물로부터 성공적인 시추 운전을 수행하기 위해 필요한 것들에 대한 주요 장비의 품목을 더욱 상세하게 설명하고자 한다. 그 주요 품목으로는 "시추탑(Drilling Derrick)", "시추동(Drill String)", "시추용 머드 시스템(Drilling Mud System)"이 있다.

또한 시추에 따른 세 가지 기본 원리는 회전력(Rotating), 기중기(Hoisting) 및 머드의 순환 작용이라 할 수 있는데, 운전자에 의해 설계된 깊이까지 원활한 시추작업을 수행하기 위한 시추선의 주요 장비는 다음과 같다.

(2-1) 시추탑 또는 유정탑(Drilling Derrick & Mast)

해양 설비에서 가장 두드러진 특징 중 하나가 시추탑이다. 이는 상단 도르래(Crown Block)를 지지하고 있는 높이가 약 50 m 정도 되는 철 격자 탑(Steel Lattice Tower)으로 이루어져 있으며 시추용 배관이 서있게 할 수 있는 임시 저장 설비를 갖추고 있다. 또한 첨탑과 같은 철골의 구조물로서 시추 작업을 수행하는 시추 작업장(Drill Floor)과 시추 장비 그리고 시추동을 지지하게 된다. 또한 이곳에서는 이러한 장비들과 시추하는 인원을 운용하는데 필요한 공간을 제공하며 철탑의 구조는 시추 배관을 세워 놓을 수 있는 적당한 높이와 무거운 하중에 견디고, 해상에서는 거센 바람에도 견딜 수 있도록 설계 되어 진다.

① 상단 도르래

활동 도르래(Traveling Block)에 부착된 와이어로프가 지나가는 시추탑의 상부에 부탁된 고정식 도르래 모양의 형식을 취하고 있다.

② 활동 도르래

아주 큰 중량(Heavy Duty)의 작업을 수행하고 있는 다중 도르래 승강 블록(Multi-sheave Lifting Block)으로서 기본적으로 시추작업을 하는 동안 시추관의 무게를 지지하며, 권동기(Draw works)에 의한 상하 운동으로 시추관과 케이싱을 시추공 속으로 넣거나, 시추공으로부터 빼내는데 사용된다.

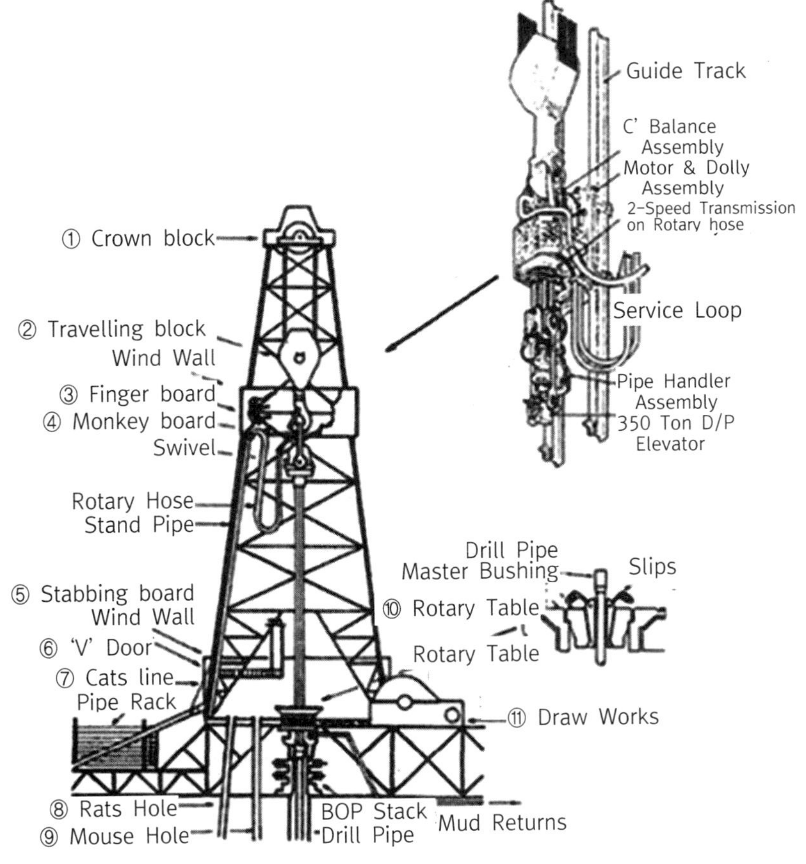

그림 6.19 시추탑의 기본 개념도

③ 핑거 보드(Finger Board)

핑거 보드는 크나큰 격자 보드(Peg Board)와 유사하며 멍키 보드 옆에 나란히 설치되어 있다. 이 핑거 보드는 시추용 배관을 세워 저장해 두는 곳이다.

④ 멍키 보드(Monkey Board)

시추탑의 중간 정도의 높이 위에 위치한 소형 플랫폼으로서, 시추하는 인원이 세워놓은 배관을 시추공 속으로 집어넣거나, 시추공 밖으로 빼내거나 할 수 있는 공간을 제공하며, 세워놓은 배관을 핑거 보드(Finger Board)에 넣거나 빼 내는 작업을 하는 곳이다.

⑤ 스테빙 보드(Stabbing Board)

케이싱을 웰 속으로 집어넣을 수 있도록 가이드를 해주는 소형의 자체 승강식 플랫폼을 말한다.

⑥ 'V'Door

배관 걸이와 시추 작업장 사이의 바람막이 벽에 위치한 'V'자 모양을 하고 있는 개방되어 있는 문을 말한다.

⑦ 켓츠 라인(Catline) 또는 터거(Tugger)

시추관 또는 케이싱을 배관 걸이에서 시추 작업장으로 운반하게 될 때 사용되는 소형의 윈치를 말한다.

⑧ 랫츠 홀(Rat Hole)

마우스홀과 마찬가지로 배관에 의해 시추 작업장을 관통시켜 설치하며, Tripping 작업(시추작업을 수행할 때 시추관을 연결하거나, 시추공으로부터 시추관을 빼낼 때 시추관의 연결부위를 분리하는 작업을 말함)을 하는 동안 켈리를 꽂아 두는 곳이다.

그림 6.20 로터리 테이블(Rotary table)

⑨ 마우스 홀(Mousehole)

작업장에 배관을 관통시켜 설치하며, 시추작업을 위해 시추관과 켈리를 연결시키기 전에 임시로 꽂아 두는 곳이다.

⑩ 회전반(Rotary Table)

설치되어 있는 회전반(그림 6.20)은 시추 작업장 내의 중앙 부위에 설치되어 있는 커다란 주물로 제작되며 이것은 시추동에 회전운동을 전달하기 위해 사용되며, 일반적으로 권동기에서 나온 쇠사슬(Chain)에 의해 구동 된다. 회전반은 시추관용 부품을 그 속으로 통과시킨 제거용 부싱(Removable Bushing)이 여기에 포함되며 또한 정방형 모양의 분할 켈리(Square Section Kelly)를 회전시키기 위한 구동 메커니즘을 제공하고 있다.

⑪ 권동기(Draw works)

시추 작업장 상에서 제어실에 동력이 주어지는 종합적인 이름을 지칭하는 말이며, 본래 활동 도르래와 함께 설치되어 있을 경우, 회전반을 작동하기 위해 원동력(Motiv Power)을 제공하고 있는 대형의 유압 혹은 전기식으로 구동되는 윈치(Winch)로 이루어져 있다.

권동기는 큰 하중을 지탱해야 하므로 제동 장치가 상당히 중요한데 보통2개 이상의 제동 장치가 장착되어 있다. 그 하나는 기계식이고 다른 하나는 유압식이나 전기식으로 되어 있으며 권동기에는 닻걸이(Cat-Head)가 2개 붙어 있는데 이것도 역시 보조 기중기와 같은 역할을 하고 있다. 그 중에서 시추자 측에 위치한 닻걸이는 시추용 배관을 연결할 때 사용되며 시추자의 반대쪽 방향에 있는 것은 시추용 배관의 연결을 푸는데 사용된다. 이러한 닻걸이는 시추용 리그에서는 상당히 필요한 것이며 사용할 때도 주의와 안전이 요구 된다.

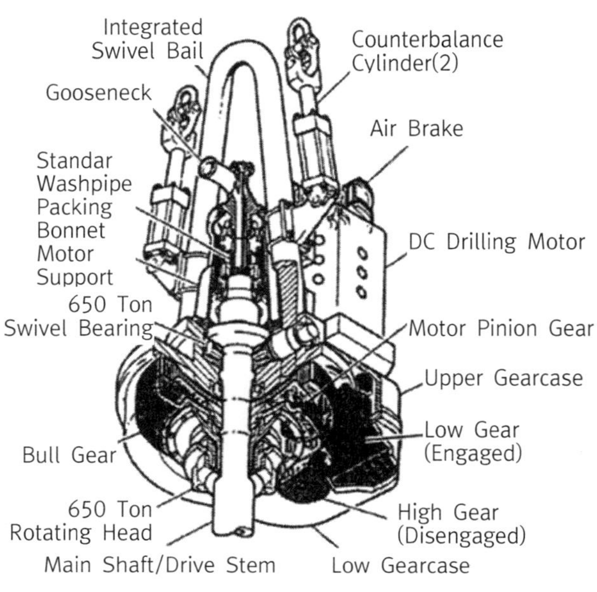

그림 6.21 TDS-4S Top Drive Train(2중 속력)

⑫ Top Drive

Top Drive 조립은 회전운동을 시추동에 전달하는 수단으로서 회전반(Rotary Table)을 대신하여 사용한다. 과거에는 회전반이 주로 사용 되었으나, 최근에는 작업 효율을 극대화 할 수 있는 Top Drive를 주로 사용하고 있으며, 회전반은 주로 Back-up 용으로 설치되고 있는 추세이다. Top Drive는 활동 도르래에 매달려 전기적 혹은 유압용으로 구동되는 전동기로 이루어져 있으며 직접 시추동에 연결되어 있다.

⑬ 축압기(Accumulator)

축압기에는 유압식과 전기식 2가지로 작동되는 웰 제어 장비가 있는데, 일반적으로 사용되는 유압식인 경우 웰 킥이 발생하게 될 때 시추자에 의해 작동되는 '분출 방지기 배기관(BOP Stack)' 의 환상 고리(Annulars) 및 램(Rams)이 해저 면에 설치되므로 시추선상에 설치되어 있는 제어판에서의 신호가 신속하게 분출 방지기 배기관에 전달 되도록 질소가 미리 충전되어 있으며 병 속에 채워져 있는 특수 유체에 의해 작동하게 된다.

⑭ 간이창고(Doghouse)/시추자 제어실

시추 작업장 가장자리에 설치되어 있는 얇은 함석 또는 주름이 져 있는 철(Corrugated Steel)로 만들어진 조그만 선실이며 이것을 시추자들을 위한 선실이라고도 한다. 이곳은 시추를 하는 선원들이 기상상태가 별로 좋지 않을 경우 임시 피난처로 사용되기도 하며 간단한 시추용 제어 진열장을 설치해 두기도 한다. 그러나 간이창고는 주로 잭업에 사용되어 왔으나, 최근에 건조되고 있는 반잠수식 시추용 리그 및 드릴쉽에 간이창고 또는 시추자 제어실을 설치하고 있다.

⑮ 시추자 실(Driller's House)

시추 작업장 내에 설치되어 있으며 시추용 계기(Drilling In-strumentation) 및 제어용 진열대들이 설치되는 원격 제어실이라고 볼 수 있다. 이 시추자실은 현장에서 철로 만든 집으로 제작 후 시추용 계기 및 제어용 진열대를 별도로 구입하여 설치할 수도 있고, 이들 모두를 일체형(Package)으로 구매하여 설치하기도 한다.

⑯ 배관 걸이(Pipe Rack)

시추공 속에서 시추하는 모든 시추관과 케이싱 그리고 그 외 필요한 장비등을 저장해 놓는 장소이며, 2대의 크레인으로 장비들을 이동시키며 이곳에서 여러 가지 작업들을 수행할 수 있다.

⑰ 배관 끌어들이기 또는 만곡부(Pipe Draw or Ramp)

시추관 또는 케이싱을 배관 걸이로부터 시추 작업장까지 운반하게 될 때 'Catline' 또는 Tug로 끌어당기게 되는데, 이때 사용되는 만곡부를 말한다.

(2-2) 시추동(The Drill String)

시추동은 시추공을 뚫는데 시용되는 구성품목들의 조합을 설명할 수 있는 종합적인 명칭이며 이들은 다음과 같은 주요 장비로 이루어져 있다(그림 6.22).

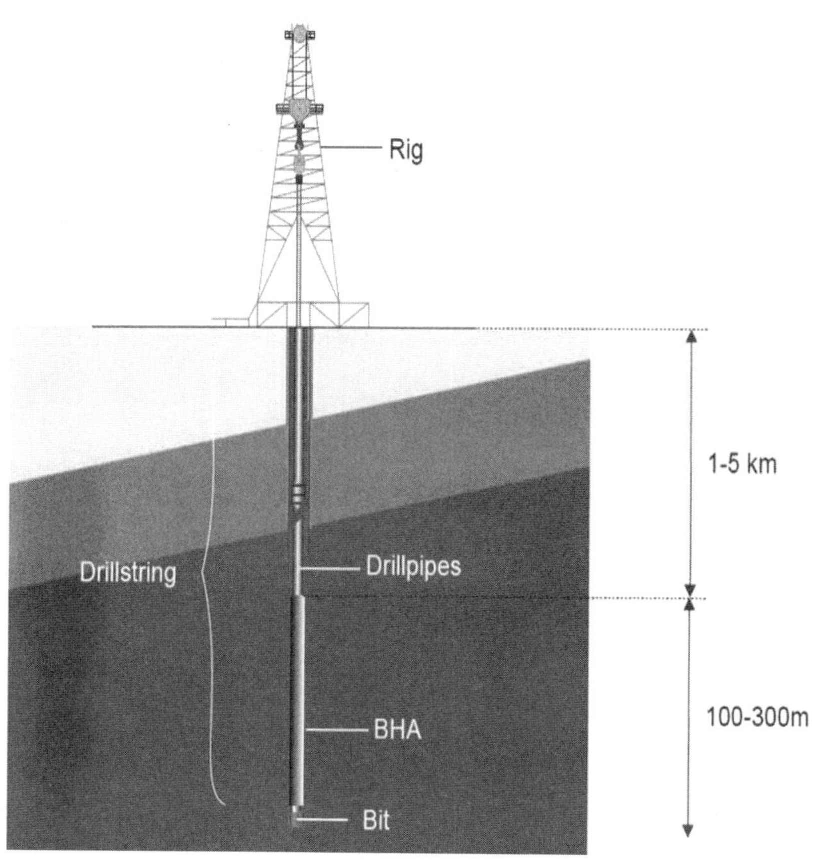

그림 6.22 시추동과 BHA(Bottom hole assembly)

■ 시추용 비트(Drill Bit)

시추용 비트, 롤러형 원뿔(Roller Cone) 혹은 암석 비트(Rock Bit)와 끝단부가 날 모양(Teeth)을 하고 있는 카바이드(Carbide) 또는 다이아몬드로 경화 처리한 강철을 부착한 3개의 회전 뿔 모양으로 이루어져 있다. 날 재질의 선택은 시추용 비트가 관통해야 할 암석층의 형태가 무엇인지에 달려 있다. 시추용 비트는 그 종류가 10가지 정도 있으며 그 중에서도 특히 많이 사용되는 것은 강철 날 암석 비트, 텅스텐 카바이드 비트, 다이아몬드 비트등과 같은 3가지이다.

그림 6.23 시추배관 및 이음고리

■ 시추용 이음 고리(Drill Collars)

시추용 이음 고리(그림 6.23)는 시추관과 시추용 비트 사이에서 이들을 연결시킬 수 있는 다소 무겁고 두꺼운 원형 모양으로 된 커플링 형태이다. 바위를 깨뜨릴 수 있는 공정을 돕기 위해 시추용 비트 바로 위에 설치하여 비트에 무게가 집중되도록 2~30개의 시추용 이음 고리가 사용된다. 또한 시추용 이음 고리는 시추작업을 수행하는 동안에 시추용 비트가 수직으로 뚫고 들어갈 때 옆으로 벗어나 뚫고 들어가는 것을 막기 위해 시추용 이음 고리의 무게로 시추 관을 아래로 당겨서 구부러지지 않도록 한다.

■ 시추관(Drill Pipe)

시추관의 길이는 약 9 m정도 되며, 양 끝단에는 암, 수 커플링(Male an Femal Coupling)을 가진 3’ 또는 5’ 직경의 두꺼운 배관으로 이루어져 있다. 커플링은 수 핀(Male Pin) 혹은 암 상자(Female Box)로 되어 있어서 시추작업을 하는 동안 시추 관을 연결 및 해체 시킬 수 있도록 해 준다. 한편 시추관은 시추공의 깊이에 따라 그 수량이 달라진다.

■ Saver-Sub 조합

Saver-Sub 조합은 시추관의 부위들을 만들고 해체를 반복하는 동안에 켈리 또는 동력으로 샤프트 쓰레드(Shaft Threads)를 빼낼 때 손상을 막을 수 있도록 설계된 단순한 암/수 스페이서(Male/ Female Spacer)를 말한다.

■ 회전 이음쇠(Swivel)

회전 이음쇠(그림 6.24)는 시추동이 활동 도르래에 매달려 있는 동안 자유롭게 회전할 수 있도록 해주며, 시추용 머드가 통과할 수 있도록 해 준다. 머드는 머드 펌프로부터 머드 매니폴드 회전용 호스를 거쳐 회전 이음쇠 상부에 설치된 구스넥(Gooseneck, 배관을 구부려 만든 부속품의 일종)을 통하여 시추용 배관에 공급된다. 이곳에는 권동기, Top Drive 시스템, 로터리 시스템, 초크 매니폴드, 스탠드 파이프 매니폴드, 시멘트 매니폴드, Make-up and Back-up Tongs, E-Z 토크, 닻걸이, 모래 얼레(Sand reels), 전기구동 제동용 공기 기중기(Electro-Dynamic Brake Air hoist), Racking시스템, 와이어 라인 장치, 핑거 보드, 이동 보정 장치, 로터리 호스, 마우스 호스 승강기 등이 설치된다.

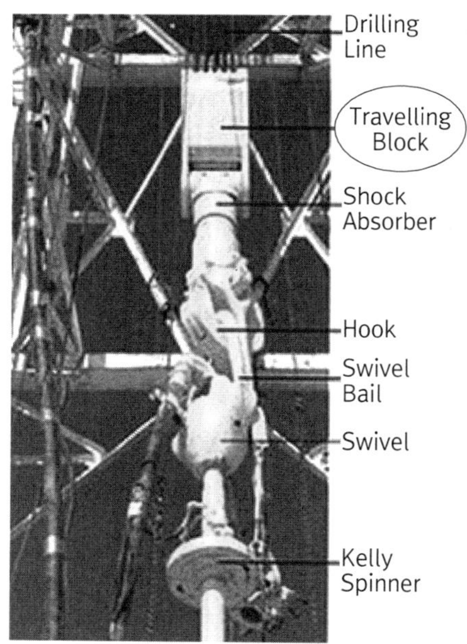

그림 6.24 회전 이음쇠

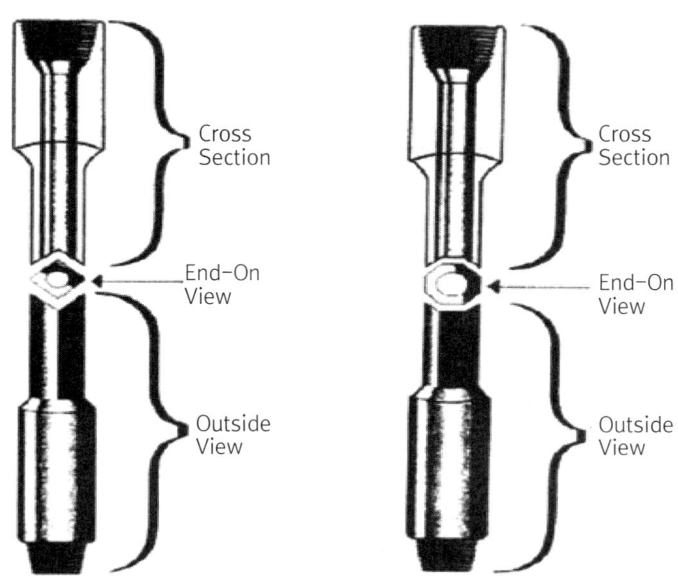

그림 6.25 사각형 켈리 및 육각형 켈리(왼쪽이 사각형켈리)

■ 켈리(Kelly, 회전반 구동을 위해서만 필요)

켈리(그림 6.25)는 시추관의 상부 부위에 스크류로 연결시킨 길이가 길고 내부에는 구멍이 뚫려 있는 사각형 단면의 단조품이다. 이것은 회전반에 의해 구동되며 시추 관에 회전운동을 주어 시추용 머드를 공급한다.

(2-3) 시추용 머드(Drilling Mud)

시추선이 바다 아래 10,000 m 까지 시추할 때 날을 식혀주는 윤활유로 진흙에 물이나 기름, 각종 광물질 등을 섞은 '머드(Mud)' 가 쓰이게 된다. 머드는 시추선의 펌프에 의한 압력으로 드릴 파이프 안쪽으로 내려가서 구멍을 뚫는 날인 드릴 비트를 통해 나온 후, 드릴 파이프와 이를 둘러싸고 있는 더 큰 파이프 사이의 공간을 통해 시추선으로 다시 올라온다. 이때 머드는 구멍을 뚫을 때 생기는 열을 식혀주고 드릴 비트가 더 잘 돌아가게 해주며 시추 시 발생하는 암석 등의 파편을 시추선 위로 뽑아 올리고, 머드의 압력으로 시추 구멍에 생기는 압력을 일정하게 유지시킨다. 시추선에는 이러한 머드를 고체 상태로 총 1000톤 정도 실을 수 있으며, 몇 가지 중요한 장비가 필요하게 된다.

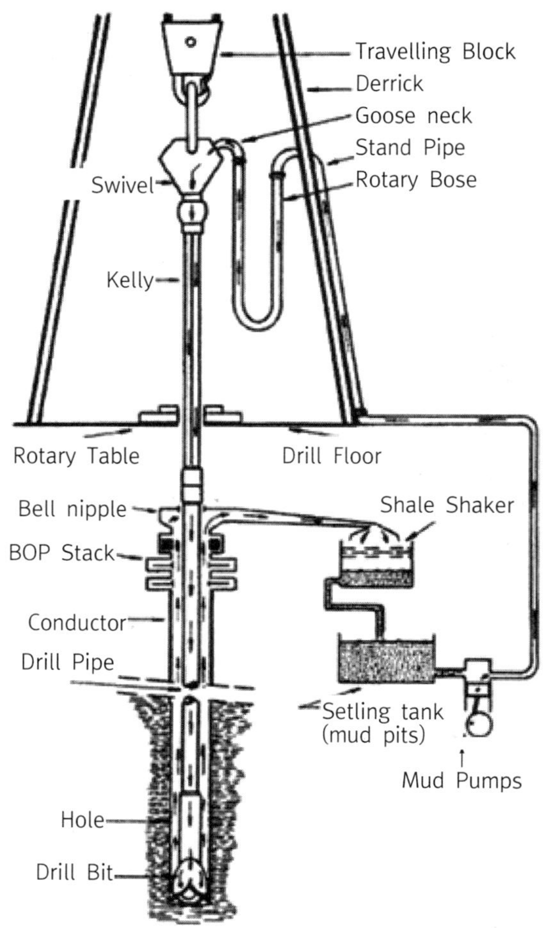

그림 6.26 시추용 머드 시스템

① 머드 피트(Mud Pit)

머드 피트(그림 6.27)는 일종의 머드 탱크와 같은 구실을 하며 그 사용되는 용도에 따라 여러 개의 피트로 나누어진다. 즉 모래 트랩, 침전 피트, 저장용 피트, 흡입 피트 등이 여기에 해당된다. 머드 피트의 주요 기능은 머드 냉각 및 시추공에서 회수되는 머드를 저장하며, 머드 펌프에 의해 머드를 공급하기 위한 일시적 저장한다. 또한 머드에 포함된 미립자(Particle) 침전과 머드의 조성을 처리하는 장소로서 활용되어진다.

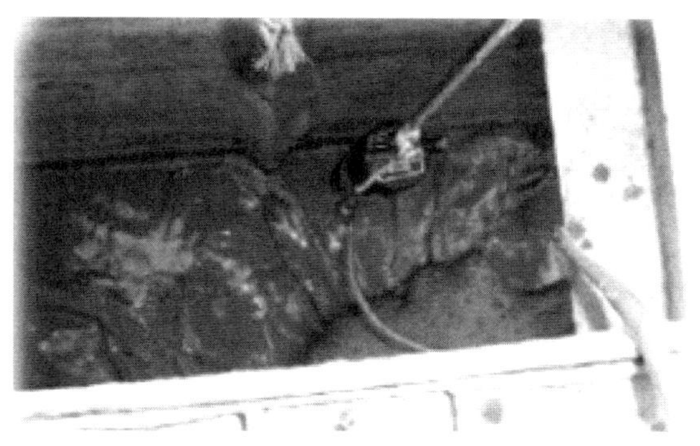

그림 6.27 머드 피트

② 머드 조절 장비(Mud Conditioning Equipment)

시추공으로부터 되돌아 온 머드내에는 지층에서 비트에 의해 깎여진 여러 암석 파편과 불순물(Impurity) 등이 포함되어 있기 때문에 이를 제거하지 않으면 머드를 재사용할 수가 없다. 따라서 이러한 암석 파편과 불순물을 제거하기 위한 장비로는 고형물 제거 장비(Solid Removal Equipment) 즉, 이수 분리기, 가스 제거기, 모래 제거기, 미세 모래 제거기, 머드 세척기, 머드 원심 분리기 등이 사용된다.

■ 이수 분리기(Shale Shaker)

시추공 내부로부터 되돌아 온 머드는 먼저 검보 트랩(Gumbo Trap) 을 거치고 난 다음 이수 분리기로 들어가게 되는데, 이 장비는 전기 전동기 또는 유압 전동기 등과 캠 기구(Cam Mechanism, 회전운동을 왕복운동으로 바꾸어 주는 장치)를 이용하여 철망(Screen)을 진동 시키게 되고 머드가 철망을 통과하게 될 때 비교적 큰 암석 조각을 걸러내는 장비이다. 이때 걸러낸 조각들은 절단물 도랑으로 보내지게 되는데 유성머드인 경우 다시 절단 세척 장치를 거쳐 바다로 버리게 되고 이곳을 통과한 머드는 모래 트랩이라 부르는 탱크에 모이게 된다(그림 6.28).

■ 절단 세척 장치(Cutting Cleaning Unit)

본 장비는 유성 머드 시스템에 사용되고 있는 장치이며, 오일이 함유되어 있는 머드 절단을 직접 바다로 버리게 될 경우, 해상 오염을 가져오기 때문에 이를 방지하기 위하여 절단 속에 함유된 오일을 물 및 다른 유기 용제(Solvent)를 사용하여 오일 성분을 제거하는 장치이기도 하다. 사용되는 오일의 종류에 따라

저 독성유(Low Toxic Oil), 등유(Kerosene Oil), 경유(Diesel Oil) 등이 있는데 절단 세척장치의 제어 방법 및 형상에 따라 제작업체별로 다르다.

■ 머드 세척기(Mud Cleaner)

머드 세척기는 중정석의 손실 없이 가중 머드로부터 고형물질을 효과적으로 제거하기 위해 설치되며, 모래 제거기, 미세모래 제거기를 사용했는데도 불구하고 걸려 내지 못한 고형물질을 제거시키는 장치이다(그림 6.29)

그림 6.28 이수분리기

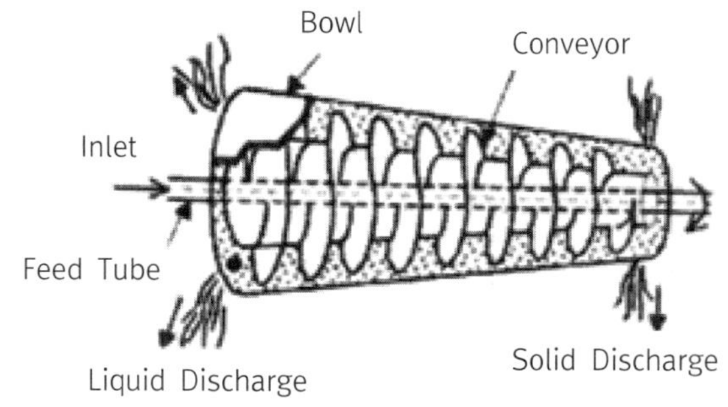

그림 6.29 머드 세척기 개념도

그림 6.30 머드 원심분리기

■ 머드 원심분리(Mud Centrifuge)

시추공으로부터 되돌아온 머드는 Diverter를 거쳐 머드 피트로 되돌아오게 되는데. 이수 분리기, 모래 제거기, 미세 모래 제거기를 거쳐 머드 속에 포함된 자갈이나 모래, 미세 모래를 제거한 후 점도를 낮게 하고 가중 액체 머드로부터 적절한 가중 머드를 만들 수 있게 하기 위해 머드 원심분리기(그림 6.30)를 설치한다. 머드 원심분리기는 일종의 이동식 분리기이며 경사분리기(Decanter)는 수평 방향으로 회전하는 원심분리기이다(그림 6.30).

■ 가스 제거기(Degasser)

시추공 내부의 압력은 지층 속에 가스가 침투되어 있는 상태이기는 하나 이것은 비트에 의해 깎여져 머드 피트에 모아졌을 때, 대기 중으로 가스가 나오게 된다. 이 가스는 머드 피트의 부피를 증가시키며, 초기에는 분출이 되고 있다는 것이 표시되며 이로 인해 머드 피트에 완전히 가득 채워져 머드가 넘치거나, 머드 펌프의 체적 효율 저하, 머드의 기록 불가, 효과적인 머드 혼합 불가등의 문제점이 발생된다. 따라서 가스제거기(그림 6.31)는 진공 펌프를 이용해 가스를 제거하여 위와 같은 문제점들을 미리 예방한다.

그림 6.31 가스 제거기

그림 6.32 모래 제거기

■ 머드 재생 펌프(Mud Reconditioning Pump)

시추공에서 되돌아온 머드를 재생시키기 위한 머드 재생용 장비이며 이는 모래 제거기, 미세모래 제거기, 가스 제거기, 머드 원심분리기, 머드 세척기 등의 장비에 머드를 공급하는 모래 제거용 펌프, 미세모래 제거용 펌프, 가스제거용 펌프, 머드 원심 분리 공급펌프, 머드 세척기용 공급 펌프 등을 총칭하여 이르는 펌프이다.

■ 모래 제거기(Desander)

이수 분리기를 통과한 후 모래 트랩에 저장된 머드 속에 함유되어 있는 모래 또는 입자가 굵은 가루(Coarse)를 제거할 목적으로 설치하는 장비(그림 6.32)이다. 여기서 모래라고 하는 것은 크기가 74(Micron) 이상의 고형물질을 말한다.

■ 미세모래 제거기(Desilter)

모래 제거기를 통과한 머드에 포함된 미세한 모래를 제거하는 장치(그림 6.33)이다. 이러한 미세한 모래 입자의 크기는 74~2 마이크로미터 정도 된다.

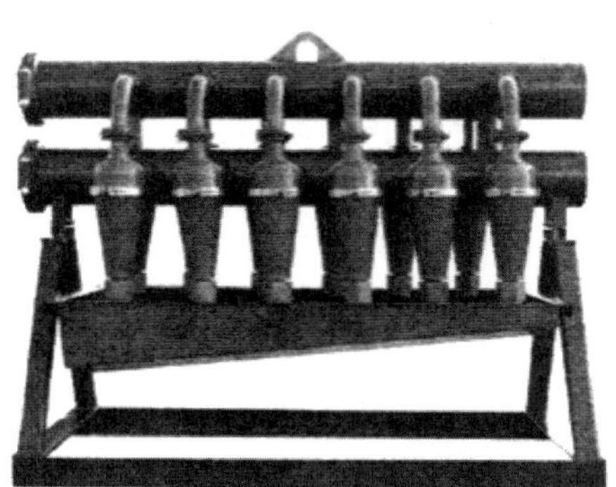

그림 6.33 미세모래 제거기

③ 머드 혼합 장비(Mud Mixing Equipment)

이것은 머드 조절과 밀접한 관계가 있으며, 이미 사용한 머드의 혼합비를 조절하기 위해 특수한 점토로 혼합하고 머드의 무게를 증가시키기 위해 중정석과 무거운 광물질 등을 섞으며, 또한 머드의 밀도 또는 점도를 높이기 위해 화학 물질 등을 섞는 장비이며 다음과 같은 것들이 포함된다.

■ 벌크 머드 저장 탱크(Bulk Mud Storage Tank)

벌크용 머드를 저장시켜 두는 곳을 말한다.

■ 화학 탱크(Chemical Tank)

화학물질을 저장해 두는 탱크를 지칭한다.

■ 머드 호퍼(Mud Hopper)

벌크용 머드를 추출기(Eductor)의 원리를 이용하여 혼합하는 장치(그림 6.34)다.

■ 머드 혼합 펌프(Mud Mixing Pump)

건성 머드(Dry Mud)를 물과 혼합하여 머드 피트로 이송 시키게 되며, 머드 피트 내에 있는 머드의 밀도를 높이기 위해 사용하기도 하고 화학 물질을 혼합 시킬 때 사용되는 펌프를 말한다.

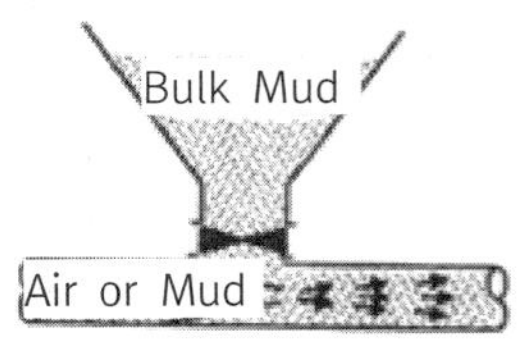

그림 6.34 머드 호퍼

■ 머드 교반기(Mud Agitators)

머드 교반기는 주로 머드 피트 또는 탱크에 설치되는 장치이며, 시추 작업을 위한 액체용 머드를 만들기 위해 머드 피트에서 중정석 및 시추용 물 등을 혼합시키기 위해 사용되는 장치를 말한다.

■ 머드 포(Mud Gun)

머드 피트에서 혼합 작업을 하는 동안, 머드 피트의 중앙에 있는 머드는 머드 교반기에 의해 계속적으로 혼합하게 되나, 모서리에 모여있는 머드는 그 자리에 남아 있어 혼합이 되지 않고 굳어질 염려가 있으므로 이에 대한 혼합을 위해서는 모드포의 노즐을 통하여 액체 머드를 쏴 주어(Shooting) 머드 혼합이 잘 이루어 질 수 있도록 하고 또한 배관 라인 상에 존재해 있는 큰 입자의 머드를 잘게 부수는 역할을 한다. 머드포의 종류로는 사용 목적 및 설치위치에 따라 '고압 머드포(High Pressure Mud Gun)', 저압 머드포(Low Pressure Mud Gun)', '상부에 부탁하는 형태의 머드포(Top Mounting Type)' 및 '하부에 부착하는 머드포(Bottom Type Mud Gun)' 로 크게 나눌 수 있다.

■ 머드 전단 변형 장치(Mud Shearing Device)

액체 머드 상에 존재하고 있는 큰 입자의 머드를 잘게 부수기 위한 장치로서 배관 라인 내부에 노즐을 설치한 것이다.

6.3.3 시추 탐사 기술

시추란 지각 내부의 정보를 얻거나 자원을 채취하기 위해 지각 속에 천공을 뚫는 일을 말한다. 사실 시추기술은 단순히 해저에서 원유/가스를 생산하기 위한 목적으로 사용되는 것이 아닌 광산, 지질조사 등의 분야에서 많은 발전으로 이루어진 기술이다. 또한, 시추는 지각에 천공을 뚫는 것뿐 아니라 지질탐사, 설치, 생산라인 설비가 이뤄져야 하나의 시추과정(그림 6.35)이 된다.

지질 탐사는 시추에 앞서 원유/가스가 묻혀 있는 장소를 탐색하고 유정 주변의 지질 상태를 조사하는 방법이다. 특히, 지질 탐사가 중요한 이유는 발견한 유정의 가치를 판단하여 생산여부를 결정하기 때문이다. 유정의 가치는 단순히 자원의 가채년수 뿐만 아니라 유정 주변의 지질 상태에 따라 결정된다. 유정 주변의 지질 상태가 매우 물러 시추공을 지지하기 힘든 상황이거나, 단층이 끼어 라이너에 큰 하중이 걸려 불안정성이 야기되는 상황을 피해야 할 것이다. 일반적으로 위와 같은 상황에서는 유정과 떨어진 곳에서 시추하여 유정까지 수평으로 웰을 설치하는 방법이 보편적으로 사용되지만, 지질탐사가 이루어지지 않은 상태에서 수직으로 시추공을 뚫어 웰을 설치할 경우 많은 경제적 손실을 입게 된다.

(3-1) 개략조사

물리탐사는 물성 변화에 의한 물리적, 화학적 현상을 측정하여 지하의 지질 및 그 구조에 대한 정보를 얻어내는 방법이다. 현재 적용되고 있는 각종 물리탐사법들은 기본적으로 지하의 물성치 및 공동, 유정의 크기, 형상 등에 따라 가탐 심도가 결정된다.

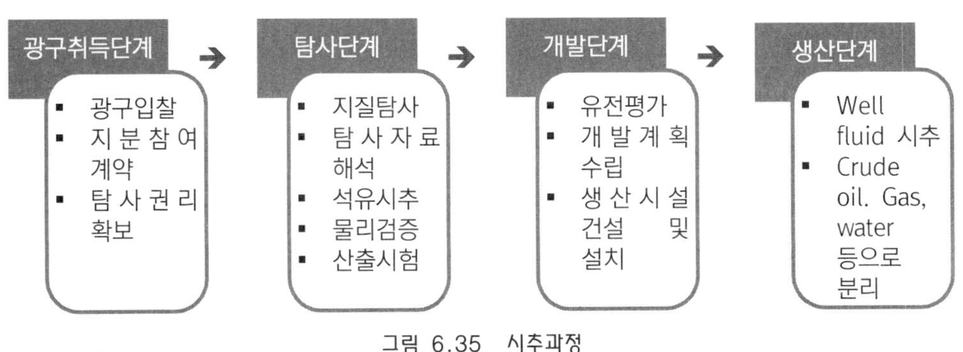

그림 6.35 시추과정

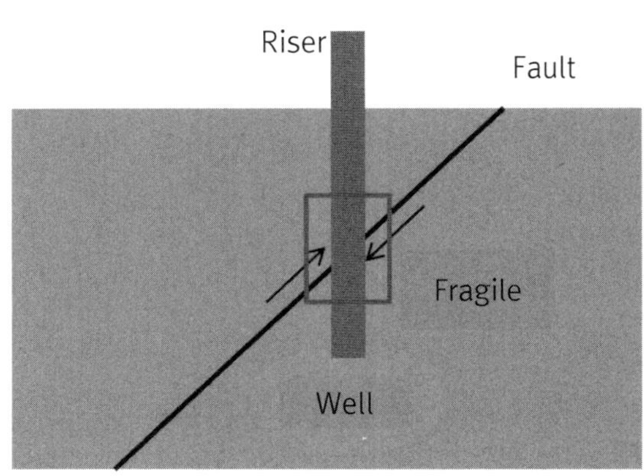

그림 6.36 불안정한 지질상태

가탐 심도는 어떤 탐사법에서 효과적으로 탐사할 수 있는 깊이를 지칭하는 말로 일반적으로 분해능과 반비례하는 경향이 있다. 즉, 분해능이 높은 고해상도 물리탐사의 경우 가탐 심도가 작고, 분해능이 낮은 저해상도 물리탐사의 경우 가탐심도가 크다. 따라서 조사단계, 목적, 대상체의 크기, 형상 등을 고려하여 탐사계획을 세워야만 소기의 목적을 달성할 수 있다.

■ 중력탐사

중력탐사는 중력계를 사용하여 미약한 중력변화를 측정, 분석하여 지질구조에 대한 정보를 얻어내는 방법이다. 중력 측정값의 변화정도는 평균 중력값의 0.00001% 정도로 매우 작으므로 정밀도가 높아야 한다. 그렇기 때문에 이 방법은 주로 광역탐사에 널리 사용되며, 특정 지역의 지반조사에는 잘 사용되지 않는다. 그러나 최근 중력의 수직 및 수평 구배를 측정하여 정밀도를 높인 정밀 중력탐사가 도입되고 있다.

그림 6.37은 인공위성 그레이스가 2003년 측정한 지구의 중력탐사 결과이다. 파란색은 중력이 상대적으로 작은 지역이며, 붉은색으로 갈수록 중력이 강한 지역이다. 여기서, 중력이 강한 지역은 상대적으로 밀도가 크므로 지대가 높다고 볼 수 있다. 또한, 측정단위인 Gal은 1초간 속도가 1 cm/s인 가속도를 뜻하며, 일반적인 9.8 m/s^2 은 980 Gal이다.

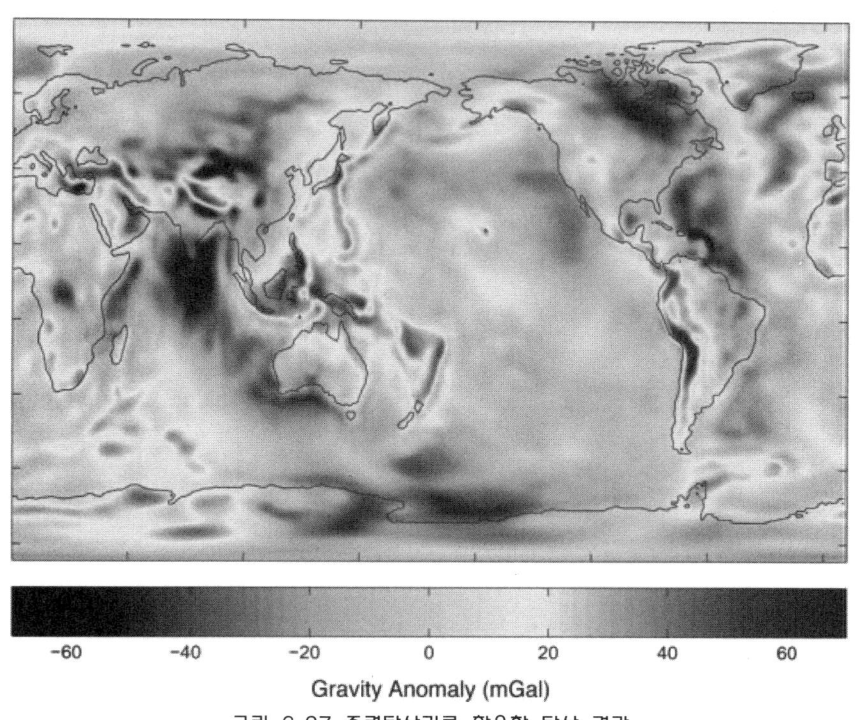

그림 6.37 중력탐사기를 활용한 탐사 결과

■ 전기비저항 탐사

전기비저항 탐사는 지하수부터 지반조사까지 가장 보편적인 물리탐사법 중 하나로 한 쌍의 전류전극을 통하여 전류를 흘려보내어 다른 한 쌍의 전위전극에서 전위차를 측정함으로 지하의 전기비저항 분포를 파악하는 방법이다. 전기비저항이란 물체가 전기에 저항하는 비율이다. 지표면에 직접적인 접촉을 통해 송수신이 이루어지므로 인공적인 전자기 잡음에 강력한 장점이 있으나, 전기적인 접촉이 나쁜 콘크리트 포장 지역이나 얼음이 덮여있는 극지방에서는 탐사하기 어려운 단점이 있다. 그림 6.38은 전기비저항 탐사를 수행한 그림으로, 전기비저항의 값을 통해 해당 지질에 분포한 암석들을 판별한다.

■ 자력탐사

물리탐사에서 사용되는 자력탐사법은 가장 적용성이 넓은 탐사법이다. 천부구조, 심부구조 모두에 적용될 수 있으며, 국지적, 광역적 탐사 모두 활용이 가능하다.

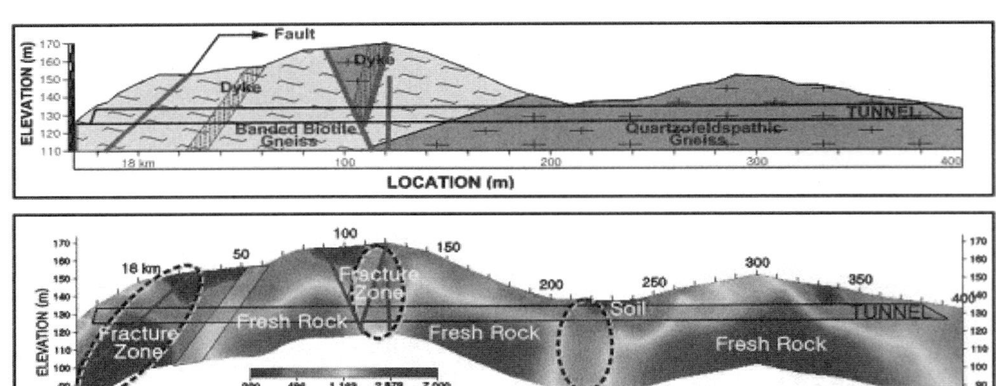

그림 6.38 전기비저항 탐사기를 활용한 탐사 결과

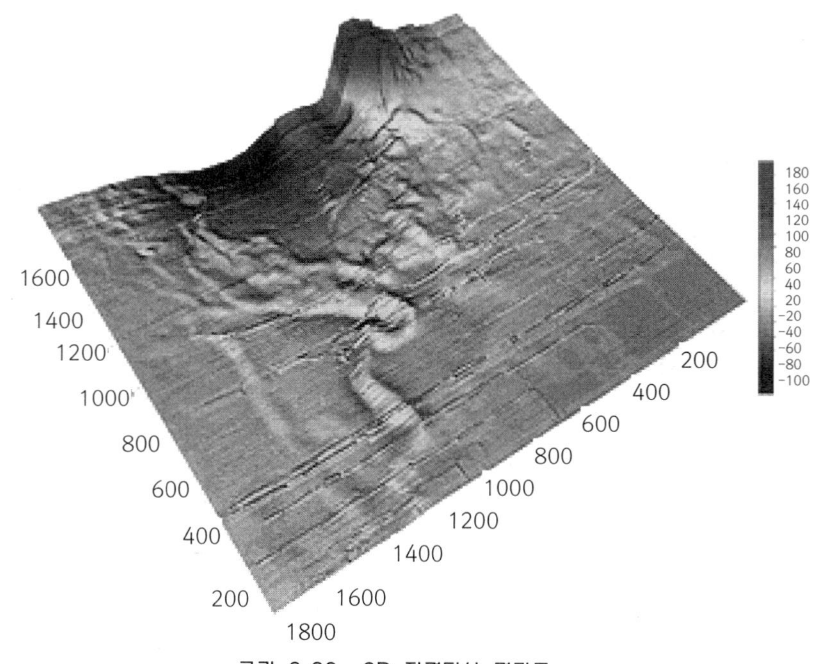

그림 6.39 3D 자력탐사 결과도

일반적으로는 자기장의 세기 및 방향의 차이를 측정하여 분석하는 방식으로 중력탐사와 유사한 방식이다. 대부분의 방법이 비접촉식으로 전극 설치가 어려운 지역에서도 적용이 가능하고, 탐사 진행속도가 빠르다는 장점이 있다. 그러나 전기비저항 탐사보다 잡음에 취약하다는 점과 자성을 띠지 않는 물체의 경우 탐사가 불가능한 단점이 있다.

■ 탄성파탐사

탄성파탐사의 원리는 간단하다. 탐사지점 일부에 충격을 가해 탄성파가 지점에서 구형태의 탄성파가 전파된다. 먼 거리에서도 매질의 운동이 감지될 정도로 파가 전파되며, 이를 기록계가 측정하여 분석해 탐사하는 방법이다(그림 6.40). 또한, 방식에 따라 개략탐사나 정밀탐사로 나뉘어 활용가능성이 높은 탐사방법이다.

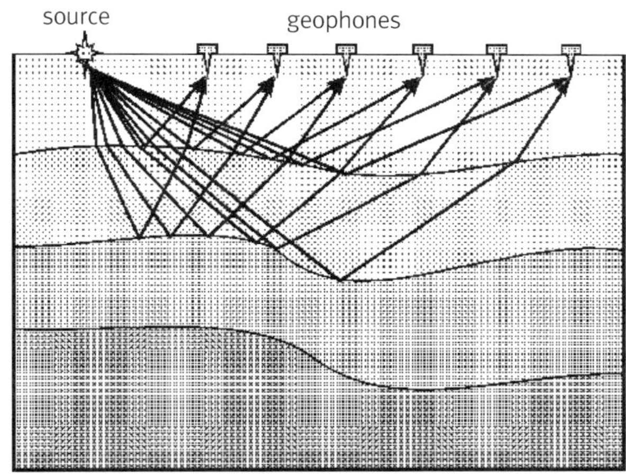

그림 6.40 탄성파 탐사의 원리

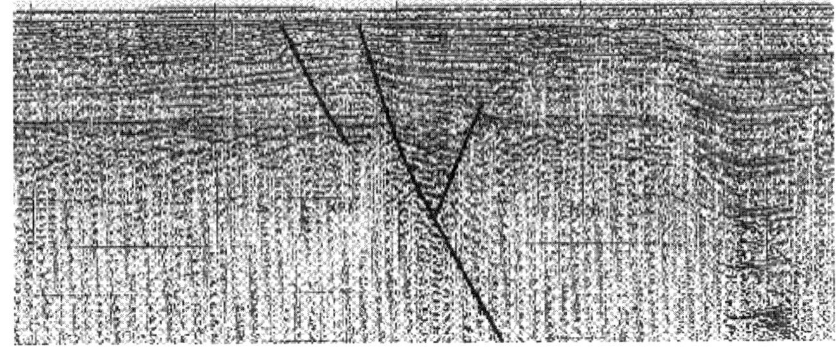

그림 6.41 탄성파 탐사 결과

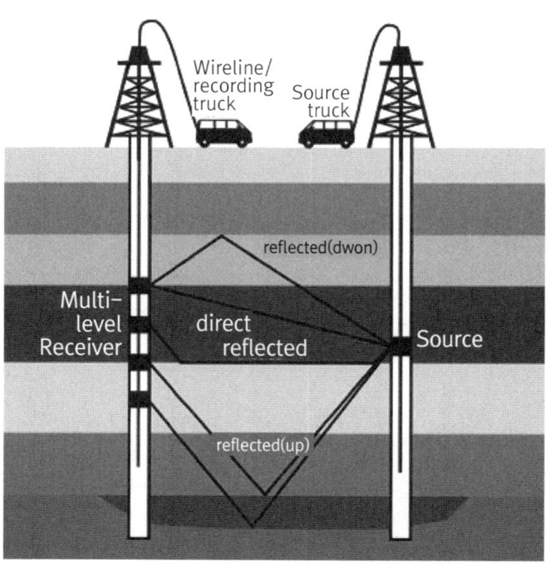

그림 6.42 시추공 탐사 개략도

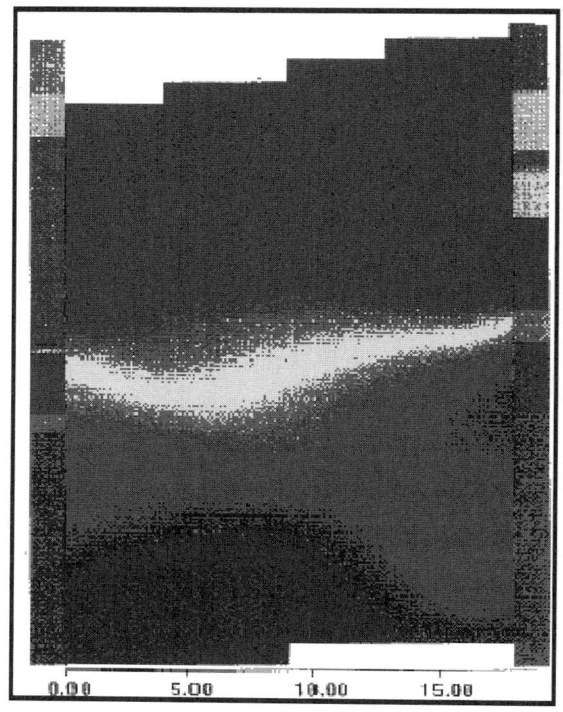

그림 6.43 시추공 탐사 결과

② 정밀조사

일반적으로 정밀탐사는 석유를 생산하기 이전 단계에서 시추공을 뚫어 조사하는 것이다(그림 6.42). 정밀탐사의 목적은 대상체에 좀 더 가까이 접근하여 자료를 획득함으로써 보다 정확하고 정량적인 해석 결과를 얻는데 있다. 보통 시추공에 검출기를 삽입하여 물리탐사와 레이더 탐사, 탄성파 탐사 등을 통하여 주변 지질 상태, 물리적 특성, 대상체와의 거리, 단층 위치 등을 자세하게 분석하여 결정한다.

6.3.4 시추 기술

(4-1) 압력제어시추기술

시추와 개발이 용이한 저류층에서의 석유 생산이 줄어들고 새로운 유망구조에 대한 시추가 증가하면서 전통적인 시추기법으로 시추하기 어려운 경우가 많아지고 있다. 대표적으로 공급압과 파쇄압의 차이가 작은 지층을 시추할 때 이수순환을 멈추거나 이수밀도를 변화시키는 경우, 킥(kick)이나 이수손실이 발생할수 있다. 이러한 시추관련 문제들을 해결하기 위해 고안된 방법이 압력제어시추이다. 압력제어 시추의 종류는 압력을 제어하는방법에 따라 다음과 같다.

■ 일정공저압력(constant bottomhole pressure)

기존의 시추방법으로 공급압과 파쇄압의 차이가 작은 지층을 시추하면 많은 어려움이 있으며, 이수 순환을 정지하면 애눌러스에서 마찰손실이 사라져 시추공의 특정 구간에서 압력이 공급압보다 낮아지고 kick과 시추공불안이 야기된다. 반대로 정지된 이수를 다시 순환시키면 이수의 정수압에 마찰손실이 추가되어 시추공 압력이 파쇄압보다 높아져 이수손실이 발생할 수 있다. 시추과정에서 이러한 작업뿐 아니라 이어지는 작업들 사이에서 이수순환은 언제든지 멈출 수 있으므로 이러한 문제가 반복되면 시추를 진행할 수 없게 된다.

일정공저압력방법은 이수의 정지 또는 순환에 상관없이 공저압력을 일정하게 유지시키는 방법 중의 하나이다. 일정공저압력방법에 사용되는 이수는 정통적인 시추에 사용하는 이수보다 밀도가 낮으며 부족한 압력은 이수순환여부에 따라 다음과 같이 보충된다.

- 이수순환 시 : 공저압력 = 이수의 정수압 + 애뉼러스마찰손실
- 이수정지 시 : 공저압력 = 이수의 정수압 + 백압력

이수순환 시의 공저압력은 이수밀도에 따른 정수압과 마찰손실압력의 합으로 나타내며 이는 기존의 시추방법과 동일하다. 하지만 이수순환이 정지되면 이수의 정수압으로만 공저압력을 유지하는 기본방법과 달리 지상에 있는 MPD 초크를 사용해 애뉼러스의 압력손실에 해당하는 백압력을 가하여 공저압력을 유지한다. 일정공저압력법은 다음과 같은 장점이 있다.

- 이수순환에 상관없이 일정한 공저압력 유지
- 동일한 이수밀도로 더 깊이 시추
- 깊은 심도에 케이싱 설치 가능
- 케이싱 설치개수 감소
- 목표심도에서 시추공 크기 확보
- 연속적인 유정제어
- 굴진율 증가
- 지층손상 저감

■ PMCD(Pressurized mudcap drilling)

시추과정에서 이수로 시추공을 가득 채운 상태로 유지하는 것은 압력제어와 킥의 감지를 위해서도 중요하다. 하지만 여러 지층을 지나는 경우 공급압이 시추 깊이에 따라 일정하게 증가하는 것이 아니라 매우 다른 범위를 가질 수 있다. 따라서 단일 이수 밀도를 이용하여 시추공의 압력을 각 지층의 공급압과 파쇄압 사이에 유지할수 없다. 예로, 낮은 압력의 균열층이 있는 경우, 시추공 압력을 낮추더라도 균열층을 통해 이수손실이 발생한다. 때로는 생산으로 저류층압력이 거의 고갈된 지층을 지나 심부 유망구조에 시추하는 경우, 시추공 압력보다 저류층압력이 낮아 심각한 이수손실이 방생할수 있다.

기존의 시추에서는 킥이나 이수손실이 발생하면 굴진작업을 멈추고 이를 해결한 후에 작업을 다시 시작하지만, 그 정도가 심하고 반복적으로 발생하면 유실된 이수의 비용뿐만 아니라 비생산시간으로 인한 비용증가와 작업지연으로 책정된 예산을 쉽게 초과하게 된다.

PMCD는 이수손실을 허용하면서 시추하는 압력제어시추로 이수손실을 해결하기 위한 추가적인 작업을 하지 않는다. 다만 애눌러스에서 시추공 압력을 유지하기 위해 추가적인 정수압을 제공한다. 먼저 점성과 밀도가 높은 이수를 애눌러스로 펌핑하여 일정한 압력을 제공하도록 유체컬럼(이를 mudcap이라고 함)을 형성한다. 암편제거를 위해 사용하는 이수는 지상으로 회수되지않고 계속 유실되므로 가격이 싸고 지층에 유입되어도 큰 문제를 발생시키지 않는 유체(이를 “Sac fluid”라 함) 이어야 한다. 주로 처리된 물을 사용한다. PMCD를 사용시 장점은 다음과 같다.

- 킥을 제거하는 비생산시간 절약
- 시추시간 단축
- 이수비용 절감
- 담수를 사용하여 지층손상 저감
- 유해가스의 지상방출 방지
- 균열층을 밀폐하여 시추공 안정성 향상

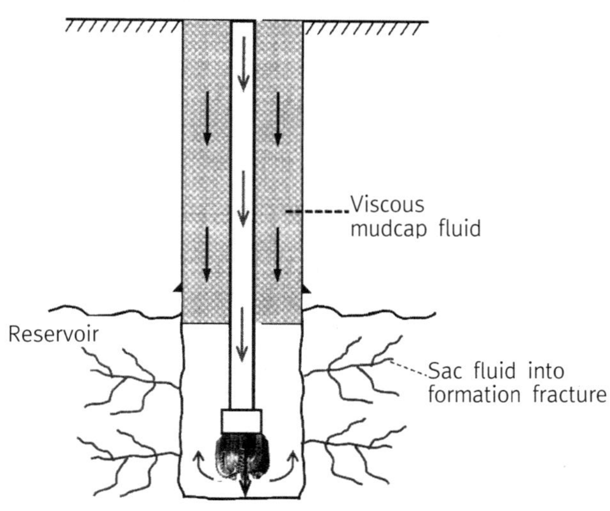

그림 6.44 PMCD 원리

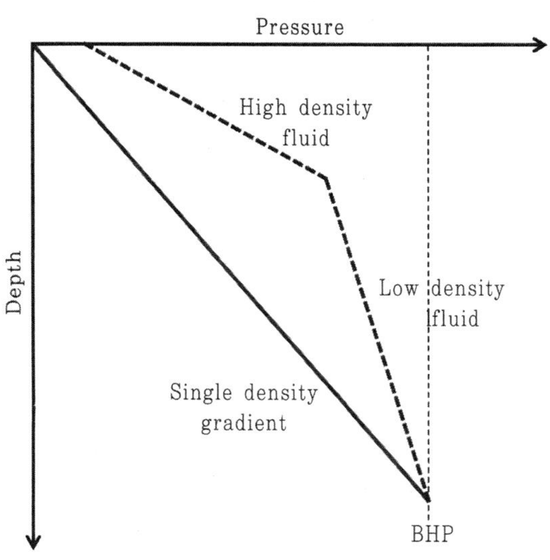

그림 6.45 수직 깊이에 따른 에눌러스에서 압력분포

■ 이중구배시추(Dual Gradient Drilling)

해양시추의 경우에는 육상시추에서 사용하지 않는 여러장비를 사용하는데 그 중에서 가장 중요한 장비 중의 하나가 해양라이저이다. 해양라이저는 해수면의 시추선과 해저면의 웰헤드를 연결해 주는 통로이며 시추동 이송과 머드순환에 반드시 필요하다. 하지만 수심이 깊어지면 해양라이저의 용량증가와 해양지층 특성으로 인해 여러 가지 문제점들이 나타나게 된다. 이러한 문제점들은 수심이 증가할수록 그 영향이 증폭되어 나타난다. 수심증가에 비례하여 해양라이저의 길이와 무게가 증가하게 되고 이를 효과적으로 관리하기 위해 시추선의 공간 및 하중 용량, 수직 및 수평 이동 관리능력도 커져야 한다. 또한 라이저의 이송과 설치에도 더 많은 시간과 비용이 소요된다.

해양라이저의 부피가 크므로 라이저 내의 머드부피는 전체 머드부피의 대부분을 차지한다. 이는 단지 해양라이저를 통하여 이수를 순환시키기 위한 추가부피이며 경우에 따라서 비율이 80~90% 이상으로 증가될 수 있다. 그 결과 라이저에 작용하는 외력이 증가하여 작업을 위한 정확한 위치선정과 제어가 어려워진다.

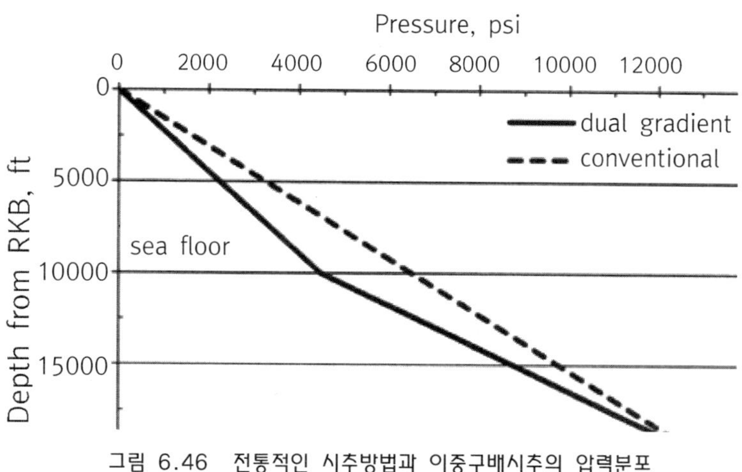

그림 6.46 전통적인 시추방법과 이중구배시추의 압력분포

이중구배시추는 그 이름에서 유추할 수 있듯이 애눌러스에서 압력구배가 그림과 같이 두 가지로 나타난다. 전통적인 해양라이저 시스템의 압력구배는 시추선에서 시추공 바닥까지 머드밀도에 비례하여 일정하다. 이에 반해 이중구배시추는 시추선에서 웰헤드까지의 압력구배와 그 하부의 압력구배가 다르다.

그림 6.46은 이중구배시추시의 압력분포에 대한 개념적 예이다. 그림에서 보는 바와 같이 전통적인 해양라이저 시스템의 경우, BHP 약 90 MPa을 유지하기 위해 1.49 kg/ℓ의 머드를 사용하고 약 3,000 m 아래에 있는 해저면에서 약 45 MPa의 압력을 가진다. 반면 이중구배시추의 경우 웰헤드의 압력은 1.03 kg/ℓ의 해수로 인한 정수압과 같은 값인 약 31 MPa 이 된다. 동일한 BHP를 가져야 하므로 이중구배시추에서는 1.97 kg/ℓ의 무거운 머드를 사용할 수 있다.

결과적으로 시추공의 압력이 공급압과 파쇄압 사이에 잘 유지되어 시추공의 안정성이 확보되고 케이싱의 설치개수를 줄일 수 있다. 목표심도에 도달하였을 때 시추공의 직경을 크게 유지하여 더 깊은 심도의 시추 및 생산량 증대효과를 거둘 수 있다. 또한 라이저가 분리되더라도 해저면 아래에 있는 머드의 정수압과 해수의 정수압이 공극압을 제어하기에 충분하므로 유정폭발의 위험이 없다.

이중구배시추에서는 해저면에서의 시추공 압력을 해수로 인한 정수압과 같게 유지한다. 이를 위한 방법은 크게 시추액 희석, 라이저 내 이수 높이 조절, 해저면 펌프 이용으로 크게 세 가지로 나눌 수 있다. 애눌러스 쪽에서 웰헤드에서의 압력을 해수로 인한 정수압과 같게 유지 할 수 있는 가장 직감적인 방법은 이수를 희석시켜 해수의 밀도와 같게 만드는 것이다. 이를 위해 라이저 하부에서 공기를 주입할 수 있다.

하지만 공기의 압축성으로 인해 머드의 밀도조절이 어렵고 머드가 순환되거나 정지 할 때 희석된 밀도가 일정한 값으로 안정화 될 때까지 긴 시간과 정교한 제어가 필요하다. 공기 대신 압축성이 없는 빈 구슬을 사용하는 방법이 연구되기도 하였다.

머드를 희석시키지 않고도 해저면 웰헤드에서의 압력을 조절 할 수 있는 방법은 많다. 웰헤드가 유동할 때 특정지점에서의 압력은 정수압과 마찰손실 그리고 유동으로 인한 추가적인 압력변화로 결정된다. 같은 원리로 웰헤드에서의 압력도 그 위쪽인 라이저 속에 있는 머드의 높이와 유량을 조절하여 제어가 가능하다. 이 방법은 라이저의 상부에 별도의 회수라인과 펌프를 두어 라이저 내의 머드 높이를 조절하여 웰헤드에서의 압력을 조절한다(그림 6.47).

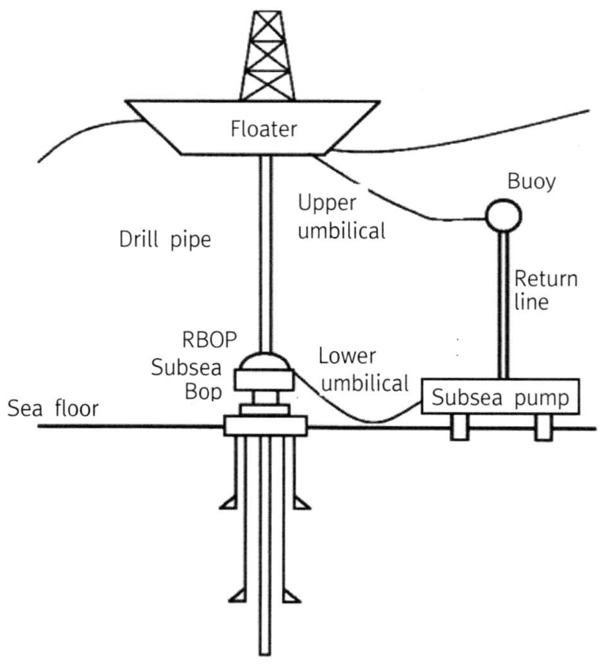

그림 6.47 Subsea mudlift drilling

이중구배시추의 또 다른 기법은 해저면에 수중펌프를 설치하고 그 흡인압력을 원하는 값으로 유지하는 것이다. 이 원리를 이용하면 머드밀도의 조절 없이도 시추공의 압력을 쉽게 조절할 수 있다. 또한 라이저 관련문제를 완화하기 위하여 라이저 대신 내경이 약 15 ㎝내외의 머드회수라인을 사용한다. 이 방법은 'Subsea Mudlift Drilling(SMD)'이라 불리며 해양시추문제의 핵심인 해양라이저없이 시출할 수 있는 새로운 개념의 무라이저(Riserless) 시추 시스템으로 다음과 같은 장점이 있다.

- 라이저 관련 문제와 비용 저감
- 수심의 영향 최소화
- 소구경의 회수라인 사용
- 적은 이수부피
- 장비의 자중 및 공간 수요 감소
- 시추선의 쉬운 위치선정
- 환경영향 저감
- 비생산시간 저감
- 케이싱 설치개수 저감
- 시추공 크기 유지에 유리
- 비용 및 시간 절감
- 심해시추를 위한 저용량 시추선의 개조 및 활용

(4-2) 방향성 시추 기술

방향성 시추는 주로 고정식 설비로부터 수평 거리에서 탄화수소를 보유하고 있는 지층의 탐사를 수행하기 위해 개발되었으며, 이러한 목적이 아니라면 추가로 플랫폼이나 해저 웰을 설치하는 것이 필수적이다. 편향된 시추공을 시추하는데 사용되는 가장 보편적인 기술은 다음과 같다.

■ 분사용 비트(JET BIT)

'분사 편향(Jet Deflection)' 공정은 3중 분사 시추용 비트를 이용하는데, 시추용 머드 출구 연결 혹은 비트들 중에서 그 하나는 다른 2개보다도 현저하게 크다. 이런 크나큰 분사는 비스듬한 방향에 위치해 있는데 반해 고압의 시추용 머드는 고정되어 있는 시추용 머드를 통해 펌핑하게 된다. 머드 때문에 일어나는 충격력은 시추공을 서서히 파괴시켜 시추동이 시추를 다시 재개할 수 있도록 해준다. 지층이 부드러울 때 공정은 간단하고 효과적일 수 있으나 오늘날에는 더욱 현대적인 방법으로 크게 교체되었다.

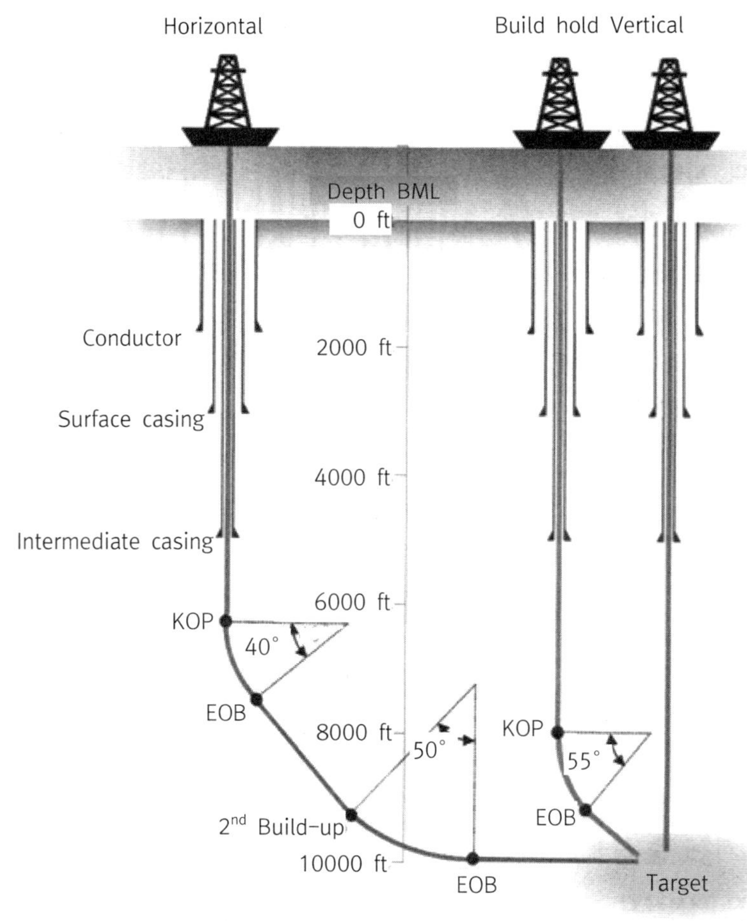

그림 6.48 수직시추, 방향성 시추의 개념도

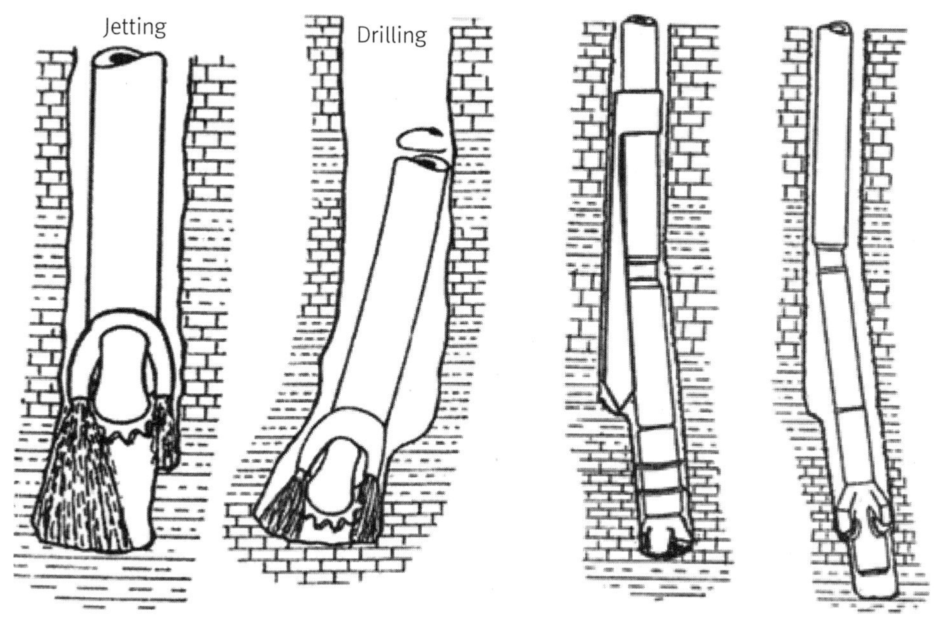

그림 6.49 분사용 비트

그림 6.50 WHIPSTOCK

■ 전향쐐기(WHIPSTOCK)

전향쐐기는 시추용 비트의 방향을 변경하는 수단으로서 오일 산업이 시작된 초기부터 사용되어 오고 있다. 이는 강철로 제작되었으며 2~3도의 각도로 오목하게 테이퍼로 된 그루브(Concave tapered groove)를 가진 모양을 형성하고 있으며, 길이는 약 1.5~3 m이다. 전향쐐기의 단점 중의 하나는 좁은 시추공을 만든 다음, 계속해서 그것을 넓혀서 제거해야 한다는 것이다. 더욱 정교한 방향성이 있는 시추용 공구로 크게 대체시킨 전향쐐기는 여전히 다중 측면 웰(Multi-lateral wells)을 착수하는데 사용되고 있다.

■ 시추용 전동기(Drilling Motor)

최근에 이르러 장비의 양쪽 부분의 기능을 조합 시킨 조절할 수 있는 전동기가 개발되었다고는 하지만, 대부분의 방향성이 있는 시추운전은 시추용 비트를 회전시키기 위해 굴곡자 조립(Bent-sub Assembly)을 사용하고 있다. 시추용 전동기는 '유압터빈(Hydraulic Turbone)' 혹은 '정 변위 유압 전동기(Positive Displacement

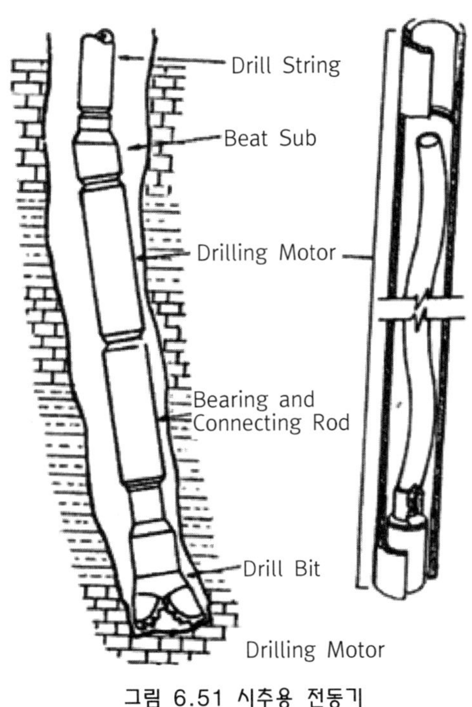

그림 6.51 시추용 전동기

Hydraulic Motor)'로 이루어져 있으며, 시추용 머드는 동력 유체(Power fluid)로서 널리 사용되고 있다.

시추동은 회전하지 않으며 그것은 단순히 시추용 전동기에 시추용 머드를 공급하기 위한 도관으로서 이용되고 있다. 웰은 굴곡자에 의해 목표지점까지 조종되며, 편극(Offset) 부착은 시추용 전동기 및 시추관 사이에 위치해 잇는 1~3도의 각도로 공급된다. 이러한 기술을 'Drilling in Sliding Mode'라 부르고 있으며, 시추공을 시추할 때 시추용 비트가 종료된 이후에 시추동이 미끄러져 들어간다.

■ 수평 웰(Horizontal Wells)

방향성이 있는 시추 기술은 1990년대 초 이후부터 본격적으로 개발되었으며, 현재 웰은 웰 헤드로부터 8 km의 거리 그리고 수평 부위로는 2,500 m 거리까지 확장시켜 시추할 수 있게 되었는데 이들을 수평 웰이라 부르고 있다. 주요 장점은 이들이 대형화 되었으며 선호하는 저장소 부위에서 웰 구경(Well Bore)을 노출할 수 있다는 것이다. 이것은 특히 두께가 얇은 탄화수소가 저장되어 있는 지층으로부터 저장소의 배출을 향상시켜 생산을 높였으며, 결과적으로 필요한 웰의 수(최고 25% 까지)를 상당히 감소시킬 수 있는 결과를 초래하게 되었다.

◆ 크게 편향된 시추 및 수평 웰

편향된 시추 혹은 수평 웰은 지진에 관한 지도로부터 저장소의 기하학적인 좌표를 먼저 계산하여 세밀한 계획을 세운다. 이때 웰 구경의 비상경로는 시추용 비트를 목표지점까지 가져갈 준비를 한다. 시추 프로그램은 재래식의 회전반 혹은 시추동을 회전시키기 위해 사용된 Top drive 전동기를 가지고 미리 결정된 깊이까지 시추를 하기 위해 웰의 수직 부위부터 착수하게 되는데 이러한 장비를 '로터리 하부구멍 조립(Rotary-Hole Assembly, RHA)'이라고 부르고 있다. 요구되는 수직 깊이에 도달 했을 때, 굴곡자 및 시추용 전동기는 시추공이 수직면으로부터 시작되어 목표지점까지 조종될 수 있는 수단을 제공할 수 있도록 시추동 및 시추용 비트 사이에 끼워 넣는다.

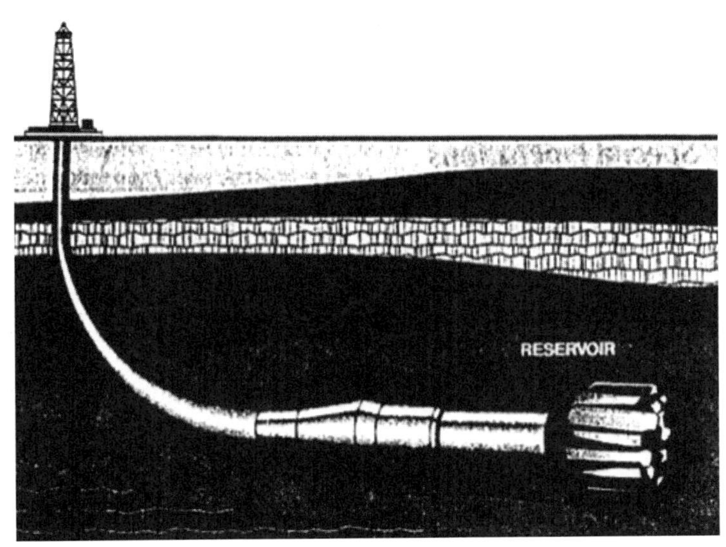

그림 6.52 수평 웰

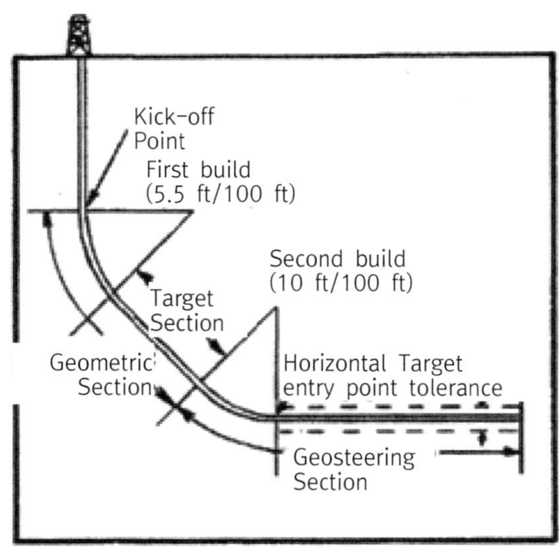

HORIZONTAL WELL PLAN

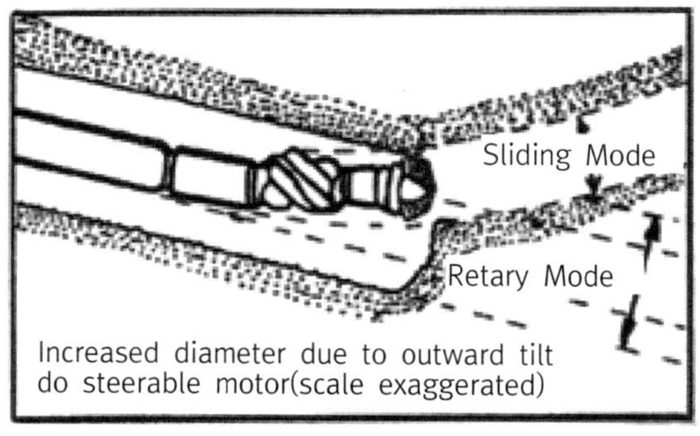

그림 6.53 수평 웰 평면

시추공의 뚫는 작업이 진행하게 될 때 시추용 비트의 위치가 요구되는 비상 궤도를 따르고 있는지를 확인하기 위해 연속적으로 점을 찍어 표시한다. 특별한 시간에 시추용 비트의 위치는 나침반 앞면(Compass heading), 시추동의 길이 및 경사도를 기하학적으로 계산할 수 있어야 한다. 시추공 안에서 시추관 길이의 숫자를 계산해 봄으로서 시추동의 총길이를 예측할 수 있는데 반해, 시추하는 동안 측정 기구(Measurement-while-drilling, MWD)는 경사도(수직으로부터 각도) 및 방위각(Azimuth, 나침반 방향)을 측정하게 된다. 지구 자기장에 반응하고 있는 가속도계는 경사도를, 그리고 자력계는 방위각을 각각 측정한다. 측정은 전자기적인 방법으로 2진법 코드로 변환시켜 머드-펄스 원격 측정법에 의해 지표면으로 전송되며 그것에 의하여 시스템의 압력 신호는 시추용 머드를 거쳐 보내어 지게 되는데, 이것은 모스 부호의 형태로 가장 잘 설명이 될 수 있다. 시추 프로그램 과정에서 시추용 비트의 방향을 변경시키는 작업은 수도 없이 필요하게 되는데 이는 굴곡자 그리고 시추공의 비상 궤도의 엄격함을 결정할 수 있는 각도의 예리함에 의해 그러한 효과를 발휘할 수 있다. 방향을 크게 변경할 필요가 있을 때는 시추작업을 일시 중지하고 시추용 비트를 시추공의 하부에서 들어 올리는 한편 시추동은 굴곡자를 다시 방향을 맞추기 위해 조금씩 회전 시키고 나서 다시 시추를 시작한다.

일단 충분한 경사도가 이루어 졌을 때, 시추공의 수평 부위는 시추동을 회전시키는 동안 통상 조종 할 수 있는 전동기로 시추를 하게 된다. 슬라이딩모드에서의 운전과 비교 했을 때, 회전식 시추는 양쪽이 더욱 민첩하며 시추동이 시추공에 달라붙을 수 있을 가능성을 줄일 수 있다. 또한 방향을 더 크게 변경시키고자 할 경우에는 회전을 잠시 중지시키는 한편 시추용 전동기에 의해 방향을 변경시키며 그리고 나서 회전 시추를 다시 시작한다. 수직 위치에서 수평 위치까지의 수초공의 편차는 극히 점진적인 공정이며, 일단 시추가 시작되었을 때 시추공은 수직웰까지는 유사한 방법으로 마무리하게 된다. 비록 수평 부위에는 시멘트 작업을 하지 않더라도 재래식 케이싱을 시추공 안으로 집어넣는다. 케이싱을 설치하기 전에 미리 시추공을 뚫어도 무방하며, 모래 철망은 지층에 웰 구경이 침범하는 것을 막기 위해 설치할 수 있다. 앞서 언급했던 바와 같이 수평웰의 주용 장점중의 하나는 수직 웰 구경을 달성할 수 있는 연장된 배출 통로를 효과적으로 제공함으로서 소규모 혹은 천해수 저장소를 탐사할 수 있다는 것이다. 그러나 수평 웰의 시추는 문제들로 가득 차 있으며, 이러한 문제점들을 극복하기 위해 개발되었던 일부의 기술 및 장비의 특성을 언급하기 전에 그것에 대한 일부를 간략하게나마 생각해 보아야 한다.

■ 다중 측면 웰(Multi-lateral Well)

현재 상당한 관심을 불러일으키고 있는 신규 기술은 다중 측면이며, 이는 2개 이상의 웰을 동일하게 웰 구경으로 분배 시키게 된다. 다중 측면 웰의 개발은 수평웰의 개발과 같은 시기에 발견되었으며 둘 사이에는 직접적인 연관성은 없으나,

이들은 각자의 장점에 비추어 개발되었으며 서로 의존성은 없다. 게다가 다중 측면은 재래식과 수평 웰 모두에 광범위하게 사용되고 있다.

다중 측면 웰을 선택하여 시추 작업을 수행하는 이유는 2가지가 있다. 그 하나는 단순히 비용 상의 문제인데, 이는 기존에 존재하고 있는 웰 구경을 그대로 사용함으로써 시추 시간 및 자재비를 절감 할 수 있으며, 완전 신규 웰로 시추 하는 것과 비교하여 최고 25%까지 절감할 수 있기 때문이다. 다중 측면을 선택하는 또 다른 이유는 저장소의 배출을 향상시키고 성공적으로 시추를 수행 했을 때, 다중 측면은 이상적인 상태에서 최고 500%까지 생산을 증진 시킬 수 있다는 것이다

다중 측면은 기존에 존재하고 있는 단일 구경 웰로부터 시추된 다중 시추공이라 정의할 수 있다. 신규의 시추공은 수평 혹은 필요한 아래 부분의 시추공 지역까지 도달시키는데 있어 편향되게 설치해도 된다. '분기(Branch)'는 수평면상에서 수평 측면으로부터 시추된 측면을 설명할 때 사용된 용어인데 반해, '비스듬한(Splay)' 것은 수직면상에서 수평 측면으로부터 시추된 측면이라 정의할 수 있다. 시추동의 끝단에 부착된 밀링 절삭에 의해 기존에 존재하고 있는 웰 케이싱 쪽을 지나고 있는 시추공을 잘라 만든다. 단단한 강철 쐐기모양을 하고 있는 전향쐐기는 필요한 곳에서 밀링 절삭기를 뒤틀리게 하는데 사용된다. 'Whipstock'의 각도는 1.5~3도이며 다중 측면의 편향은 극히 완만하며 일단 접합점(Junction)이 완성 되었을 때 웰은 다른 견지에서 볼 때는 재래식이며, 외부를 감싸거나 혹은 감싸지 않아도 된다.

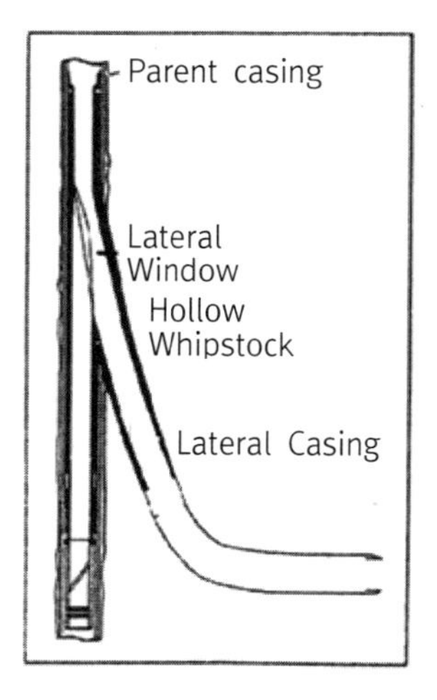

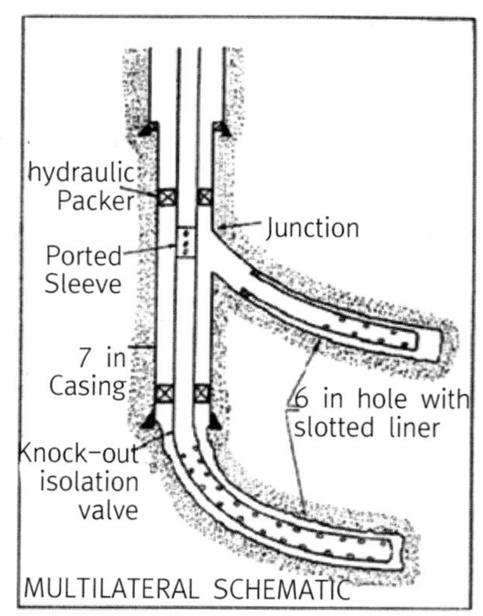

그림 6.54 다중 측면 웰

기본적으로 접합점에는 6가지 형태가 있으며, 표준 분류 시스템(Standard Classification System)은 접합점의 복잡성 정도에 따라 산업 현장에서 작성된다. 둘러 쌓여있는 접합점은 교차 지점을 통과하여 관 모양의 케이싱 관을 삽입시켜 보수(Workover)를 하는 동안 압력을 차단시킴으로서 웰을 다시 주입할 때 이를 단순하게 할 수 있는데 이들은 약하고 불안정한 지층을 지지하기 위해 사용된다.

(4-3) 수압파쇄법

21세기에 접어들어 석유시장에 가장 큰 영향을 준 사건은 단연 "셰일 오일 혁명"이다. 이전에는 지층 내부에 존재하는 셰일층(보통 지하 1,000 m 이상 깊이)이 원유나 가스를 함유하고 있다는 사실을 알고 있었지만 기술적인 문제로 시추가 어려웠다. 그러나 탐사 및 시추기술의 발전으로 셰일층이 함유하고 있는 원유 및 가스를 시추할 수 있게 되었다. 셰일층에 있는 원유 및 가스를 시추하는 기술이 바로 수압파쇄법(fracking)이다.

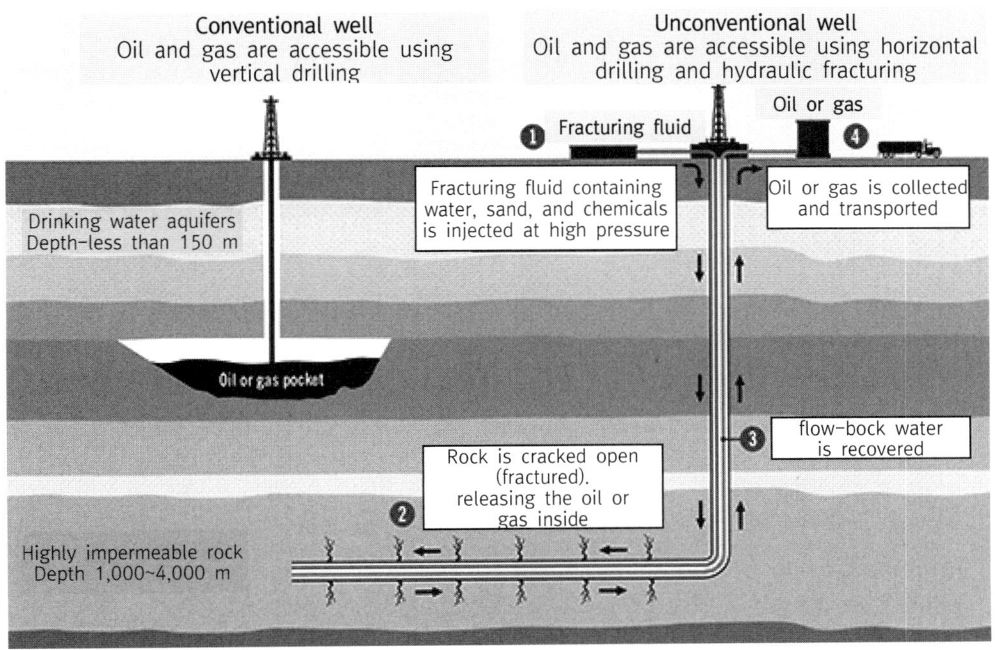

그림 6.55 기존 시추방식과 수압파쇄법의 비교(오른쪽이 수압파쇄법)

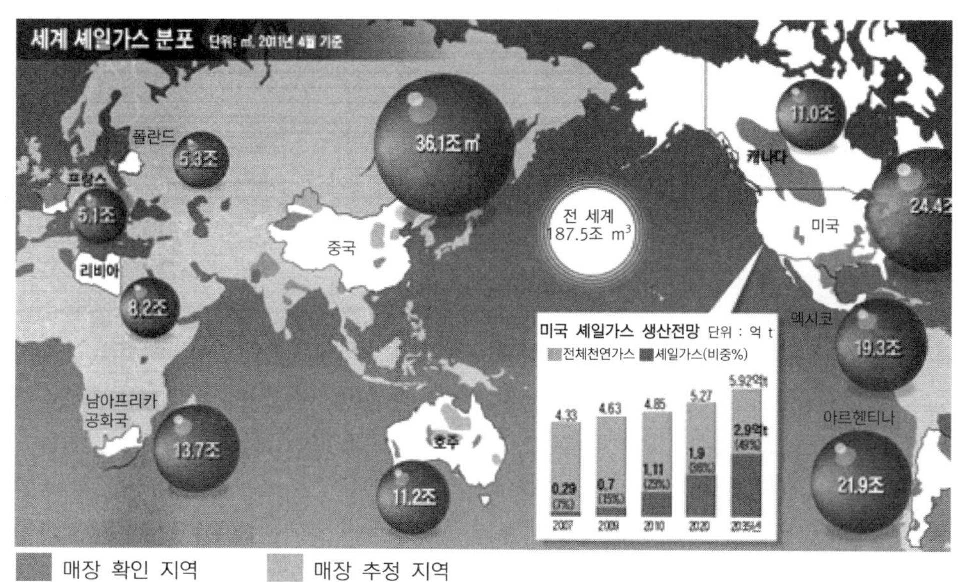

그림 6.56 셰일가스 분포도와 생산량

일반적인 유정은 오일이 모여 있으므로 해당 지역에 수직으로 시추공을 뚫어 시추하였지만, 셰일 오일은 지층 내부 암석에 포함이 되어 있으므로 수평시추를 한다(그림 6.55). 수압파쇄법은 수평시추로 들어간 파이프에서 고압의 화학물질과 혼합된 물을 분사하여 암석을 파쇄한다. 오일이 암석내부에 포함되어 있으므로 파쇄되면서 나오는 오일을 시추한다.

그러나, 암석 내부 공극 속에 있는 오일을 얻으려면 1 mm 단위의 파쇄를 해야 하므로 높은 기술력이 요구된다. 물을 분사해야 하므로 다량의 물이 필요하며 그에 따른 지하수 오염과 같은 환경문제가 발생한다. 또한, 파쇄로 인한 지진현상 등 해결되어야 하는 부분이 많은 기술이다.

현재 셰일 오일에 대한 관심은 갈수록 증가하고 있다. 전 세계적으로 퍼져 있는 셰일 오일은 가채년수만 40년이라는 평가를 받고 있으며, 현재 셰일 오일 매장량으로는 미국이 1위 이어 중국이 2위이다. 중국의 경우 물이 부족한 고산지대에 많이 몰려있어 개발에 난항을 겪고 있으며, 미국에서 개발이 활발하게 이루어지고 있다(그림 6.56).

6.3.5 시추 작업 순서

이미 정해진 장소에 도달하면, 잭업, 반잠수식, 시추선과같이 이동이 가능한 시추리그인 MODU(Mobile Offshore Drilling Unit)는 Anchoring 또는 계류를 하여 위치를 고정시킨다(400 m 깊이 이상이 되면 쓰러스터를 이용한 동적 계류법(Dynamic Positioning) 형식이 도입된다). 시추 작업에 사용할 물량은 공급선 또는 헬리콥터 로부터 지원을 받게 되는데 과거에는 시추관을 해저 밑까지 내려서 바다 깊이를 측정했으나, 오늘날은 Taut Wire 또는 Echo Sounder를 이용하여 수심을 측정하고 있다.

가이드 기초를 하부에 내려 시추관을 내려 갈 곳의 중앙에 맞춘다. 초기에 36''비트를 사용하여 시추를 시작하며 약 40 m 정도로 구멍을 판 뒤, 32'' 케이싱 배관을 시추공에 집어넣고 시추용 비관을 통해 시멘팅 후 케이싱과 지층을 완전히 접착시킨다.

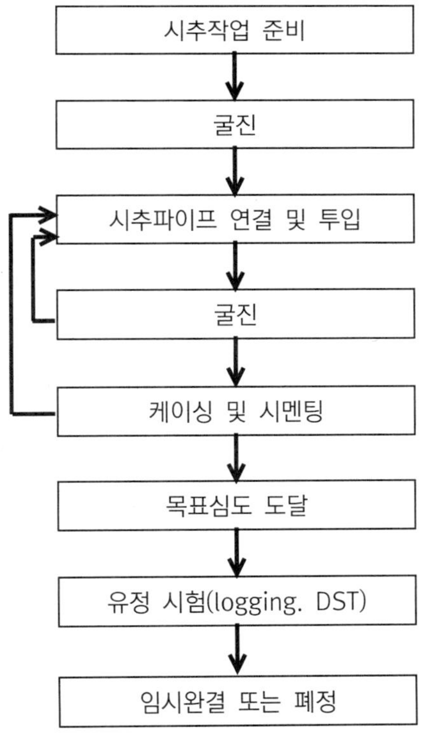

그림 6.57 전형적인 시추작업의 과정

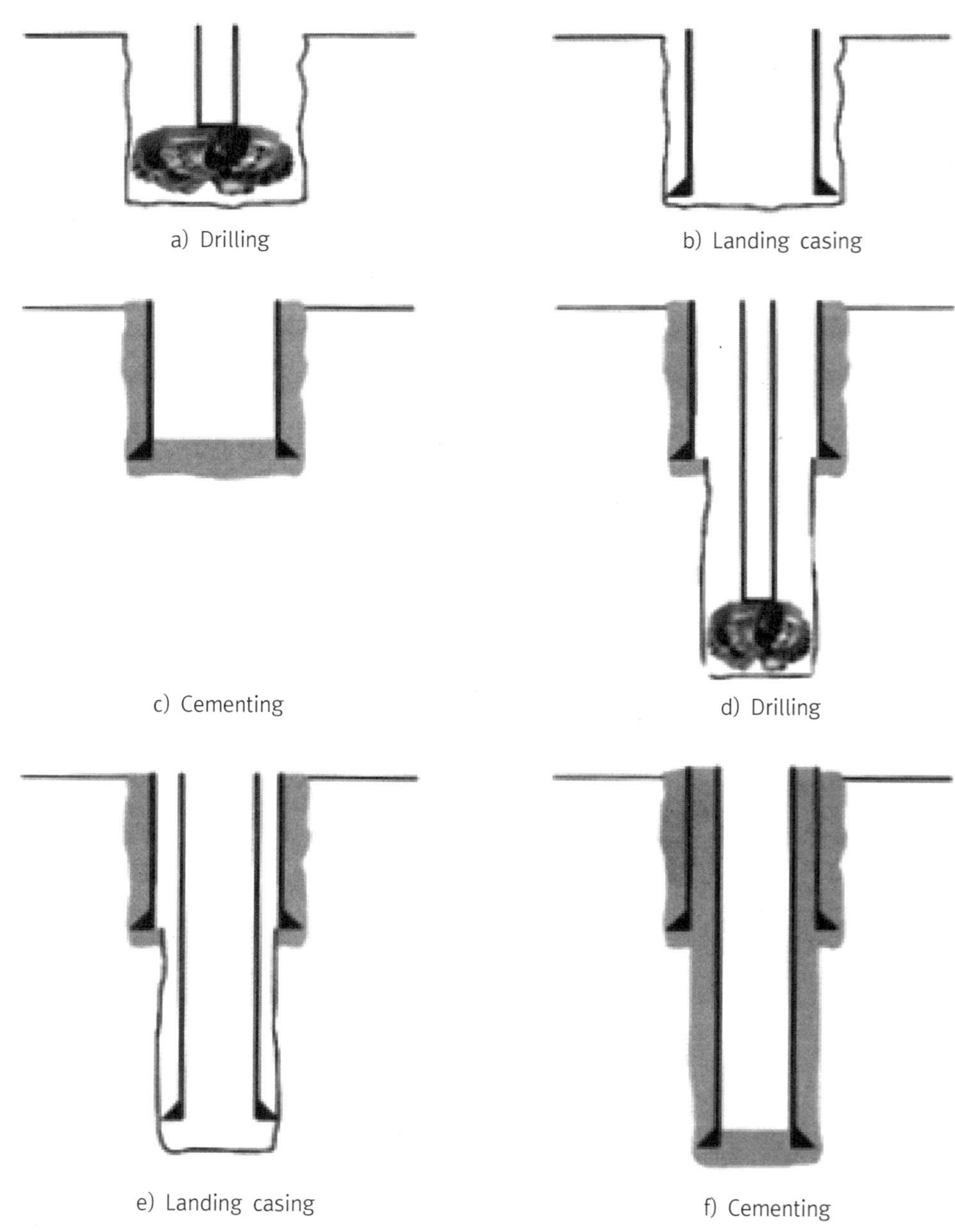

그림 6.58 케이싱의 설치과정

그런 다음 26''비트로 갈아 끼우고 시추를 계속하여 더욱 깊게 시추공을 판 뒤, 18-3/4'' 케이싱 배관을 집어넣고 역시 시멘팅을 하여 완전히 접착시킨다.

분출 방지기 배기관(BOP Stack)을 해저까지 내려 18-3/4'' 케이싱헤드에 연결시킨 다음, 20'' 수직관(Riser)를 BOP Stack 상부에 연결하여 Drill Floor까지 완전히 설치를 끝내고 BOP 및 Kill & Choke Line에서 작동할 수 있도록 연결한다. 17-1/2'' 비트를 사용하여 시추를 한 뒤 13-3/8'' 케이싱을 시추공에 집어넣고 시멘팅 작업을 한다(이 때의 수심은 약 1,000 m 정도). 12-1/4'' 비트를 사용하여 시추를 한 뒤 9-5/8'' 케이싱을 시추공에 집어넣고 시멘팅 작업을 실시한다(이 때의 수심은 약 2,000 m 이상). 9-1/2'' 비트를 사용하여 계속 시추한다. 만약 시추 중 Kick(지층에서 압축되어 있던 가스나 액체 등이 시추공 속으로 치받아 올라옴)이 발생하면 시추용 배관을 약 10 m 정도 들어 올리고 머드 펌프의 운전을 중지시킨 다음 초크 밸브를 열어 압력을 조금 빼낸다.

BOP를 작동하여 Annular(시추용 배관과 케이싱 사이의 공간)를 막고 초크 밸브를 잠근다. 초크 밸브를 통하여 시추공 내부의 압력을 측정하여 머드의 무게를 계산한다. Kill 펌프 또는 머드 펌프 혹은 시멘트 펌프를 이용하여 중량의 머드(비중 : 약 2.0~2.3 정도)를 시추용 배관 또는 Kill라인을 통하여 공급하며, Choke Line을 통하여 가벼운 머드는 빼낸다. 이렇게 계속하여 필요한 머드를 채우면 시추공 내부의 압력은 머드의 무게에 의한 압력과 Kick과의 압력이 서로 균형을 이루어지게 된다. BOP를 다시 열고 시추관을 빼낸 다음, 시추공의 시험을 하게 된다. 만약 이 시험에서 석유가 아니고 다만 물과 같은 성분으로 판명되면 다시 시추를 계속하지만 이 시험에서 탄화수소 성분이 파악되며 시추를 약간 더 한 뒤 7'' 케이싱 배관을 시추공에 집어 놓고 시멘팅을 한다. 그 후 전자식 구멍 뚫기 Gun을 시추공 내부에 집어넣어 케이싱에 구멍을 뚫는다.

산출시험(Drill Stem Test, DST)을 함으로써 석유의 매장량, 압력 등을 측정하기 위해 시추공으로부터 가스 및 석유를 조금씩 빼내어 산출시험 장비 중 Oil/Gas분리기에서 오일과 가스를 분리시켜 Flare Boom으로 보내, 그곳에 있는 버너에서 태워 버린다.(2~3일간 시험을 계속하여 검토한다.) 이 시험에서 석유의 매장량 등이 경제성이 있는 것으로 판명 날 경우 Well을 머드 혹은 시멘트로 채우고 분출 방지기 수직관(BOP Riser)등을 철수하여 캡을 덮어씌우고 난 다음 시추선은 다른 석유 생산용 플랫폼의 설치를 위하여 다른 장소로 이동시키게 된다. 그러나 석유 매장량이 적고 경제성이 없다고 판단될 경우 시추공을 시멘트 플러그로 막아버리게 된다.

Chapter 7

심해저 생산 시스템
(Subsea Production System)

심해저 생산 시스템(subsea production system; 그림 7.1)은 해저 석유 자원을 생산하기 위해 해저면에 설치되는 석유/가스 생산시설을 의미한다. 이러한 시설은 해상 생산설비에 비해 충분한 공간 확보가 가능하고 해상의 처리설비를 해저로 옮길수록 생산성 및 경제성이 높아져 그 필요성과 관련 산업이 꾸준한 증가 추세에 있다.

심해저 생산 시스템은 수백 m에서 수천 m에 이르는 심해저의 극한 환경에서 운용되는 만큼 시스템 및 각 구성품의 설계 및 제작, 엔지니어링 기술 등에서 최첨단기술이 요구된다. 현재 이러한 기술을 보유하고 있는 업체는 미국 및 유럽의 극소수 업체뿐이며 이들이 시장을 독점하고 있어 상세한 기술 내용이 공개되지 않은 부분이 많은 실정이다. 최근 국내에서도 심해저 생산 시스템의 고부가 가치성과 높은 시장 성장성을 인식하여 정부 및 산업계에서 심해저 생산 시스템 관련 기술개발에 많은 관심을 기울이고 투자를 시작하고 있다. 그러나 아직은 극한 환경에서 작동되는 시스템에 대한 기술력 부재와 전문 인력의 부족 및 높은 시장진입 장벽으로 인해 많은 어려움을 겪고 있어 심해저 시스템의 설계 또는 제작 실적이 전무한 실정이다.

7.1 심해저 생산 시스템

그림 7.1은 심해저 생산 시스템의 전형적인 구성이며, 각 모듈이 기능을 수행하며 하나의 시스템으로 운용된다.

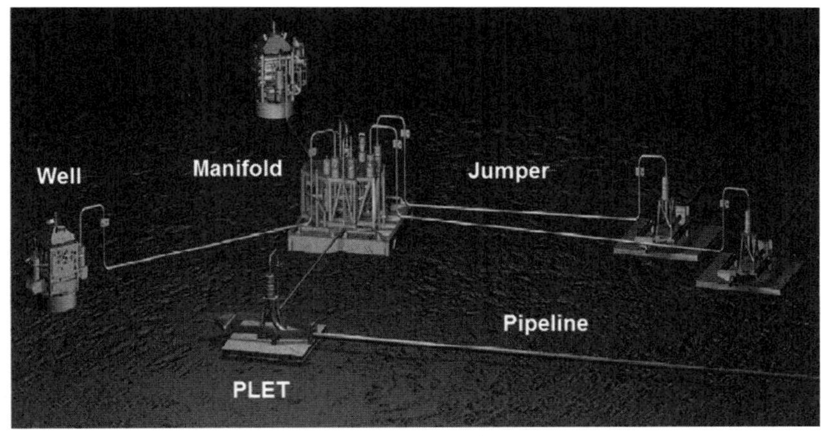

그림 7.1 Subsea Production System

7.1.1심해저 생산 시스템의 구성

심해저 생산 시스템을 위한 장비들은 크게 생산, 수송, 제어로 나눌 수 있다(표 7.1).

(1) X-mas tree

월-헤드 상부에 설치되어 있는 장비로, 주요 기능으로는 석유/가스 생산을 제어하고 바다와 유정의 안전경계역할을 한다. 또한, 시추 파이프와 지층 사이 공간인 환체(annulus)의 초과압력을 빼내고 초크를 통해 흐름을 일정하게 유지하는 등 안전과 관련된 많은 역할들을 담당하고 있다(그림 7.2).

표 7.1 심해저 생산 시스템 구분

심해저 생산 시스템		
생산	수송	제어
Wellhead X-mas tree Manifold	Flowline(pipe) Jumper PLET	Umbilical UTA

그림 7.2 X-mas tree

그림 7.3 Manifold

(2) Manifold

여러 개의 유정으로부터 뽑아 올린 원유를 모아서 플로우 라인(flow line)으로 전달하는 역할을 수행한다. 주요 구성은 대형 배관과 차단 밸브로 구성된다. 그리고 해저면에서 매니폴드를 지지하고 수평을 맞추기 위하여 다양한 하부지지구조물이 사용된다(그림 7.3).

(3) Jumper

해저 장비를 서로 연결하는 관(그림 7.4)이며, 부식이 적은 재질과 고온 고압에 대응할 수 있는 모양으로 제작되는 것이 일반적이다. 보통 수면에서 해저까지 수직으로 하강시켜 서로 연결시켜 설치한다.

(4) PLET(Pipeline End Termination)

처리설비까지 수송하는 관로인 pipeline의 끝단부에 설치되어 있는 장비를 말한다. 이 장비는 특별한 기능이 없으며 pipeline과 다른 장비가 jumper를 통해 효과적으로 연결할 수 있도록 pipeline을 마무리하는 형상을 가지고 있다(그림 7.5).

(5) 엄빌리컬(Umbilical)

심해저 생산 시스템의 다양한 장비들을 작동 및 통신하기 위해 여러 종류의 케이블들을 포함하는 복합케이블이다(그림 7.6).

그림 7.4 설치 준비 중인 Jumper

그림 7.5 설치 준비 중인 PLET

그림 7.6 Umbilical Section

(6) UTA(Umbilical Termination Assembly)

엄빌리컬 끝단부에는 UTA라는 장비가 설치되어 있다. 이는 엄빌리컬 내부의 다양한 신호와 화합물을 알맞게 분산시키는 역할을 한다(그림 7.7).

그림 7.7 UTA

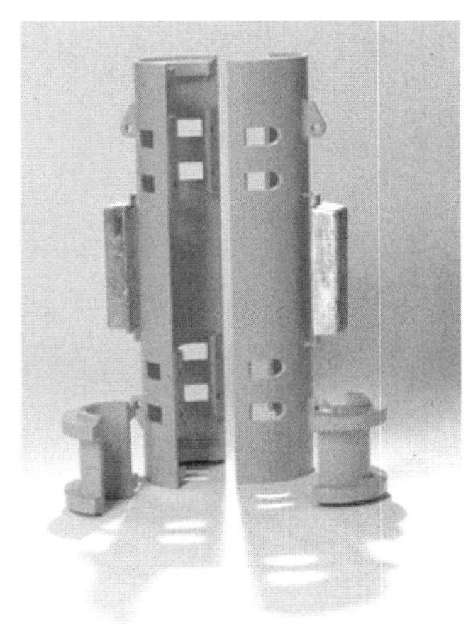

그림 7.8 VBR components

그림 7.9 설치된 VBR

(7) 굽힘 제한 장치(Vertebrae Bend Restrictor)

경사가 발생하는 해저면에 파이프나 엄빌리컬을 설치할 경우 과도한 굽힘이 발생한다. 이를 해결하기 위해 굽힘 제한 장치를 장착시켜 파손을 예방하는 장치이다. 굽힘 제한 장치는 각 부품 별로 맞물려 조립되어 엄빌리컬이나 파이프의 변위를 제한하여 굽힘을 감소시킨다(그림 7.8).

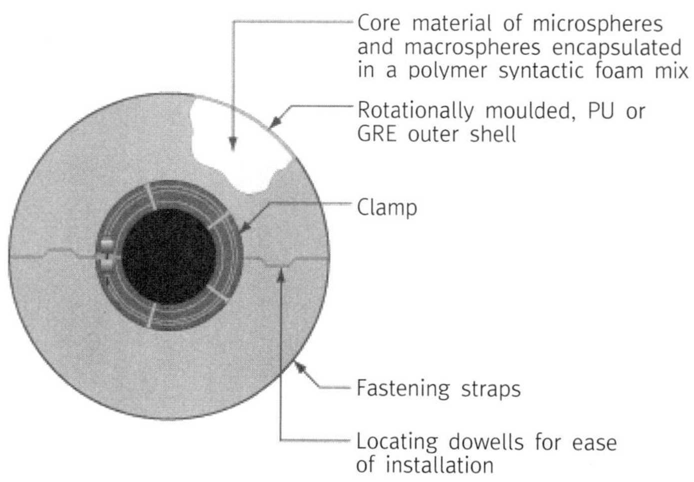

그림 7.10 Buoyancy Section

그림 7.11 설치된 buoyancy

(8) 부력체(Buoyancy)

엄빌리컬에 과도한 굽힘이 발생하지 않도록 내부 물질을 물보다 가벼운 스펀지 재질의 물질로 만들어(그림 7.10) 부력을 추가하는 부품이다(그림 7.11).

7.2 심해저 파이프

해양 송유관은 전 세계에 약 175,000 km 정도 설치되어 있다. 이는 지구 둘레의 약 4.4배에 해당하며 육상 파이프라인까지 합치면 엄청난 양이 될 것이다. 또한, 육상에서 시작된 석유개발이 이제는 해저 2,743 m까지 파이프라인이 설치되고 있는 실정이다.

심해로 갈수록 유정의 압력과 온도가 높아져, 최대 내부압력 91 MPa, 섭씨 167도의 고온까지 견딜 수 있는 파이프라인이 설치되고 있으며, 해저설비 생산자는 최대 103.4 MPa, 섭씨 177도의 내부온도를 견딜 수 있는 제품을 생산하고 있다. 그러므로 열팽창 계수가 낮고 피로강도가 높은 재질이 꾸준히 개발되고 있다. 또한, 부식에 강하면서 모래 등 불순물 운반에 의한 침식에도 강한 재질이 필요하다. 특히 심해 유전에 설치되는 파이프는 난형(ovality)을 최소화하고 관 두께를 균등히 유지할 수 있는 강관 생산과 품질향상에 심혈을 기울이고 있다.

열팽창계수가 낮은 재료로 최근 invar라는 합금이 주목 받고 있다. invar는 철 63.5%, 니켈 36.5%를 첨가하여 열팽창계수가 작음 합금을 말하는데, 열팽창계수가 0.0000008 / ℃(일반적인 steel의 열팽창계수 : 0.0001 / ℃) 정도로 내식성도 풍부하여 앞으로 많은 심해 파이프에 사용될 전망이다.

파이프 보온시스템은 일정한 고온을 유지하여 원유에 섞여있는 아스팔트나 양초 성분이 관 내벽에 달라붙지 않도록 하기 위해 필요하고, LNG 파이프라인의 경우 일정한 저온을 유지하여 LNG의 기화를 방지하기 위하여 필요하다. 파이프의 보온 방법은 열의 3요소인 전도, 복사, 대류현상을 차단하거나 억제하는 것이다. 보통 PU(Polyurethane)나 PP(Polyprophylene) 코팅을 하거나 다중관(Pipe-in-pipe;PIP)을 많이 쓴다. PIP는 내관이 물과 접촉하는 것을 막고 내부관에 우수한 보온재료를 감싸 뛰어난 보온효과를 얻을 수 있다(그림 7.12).

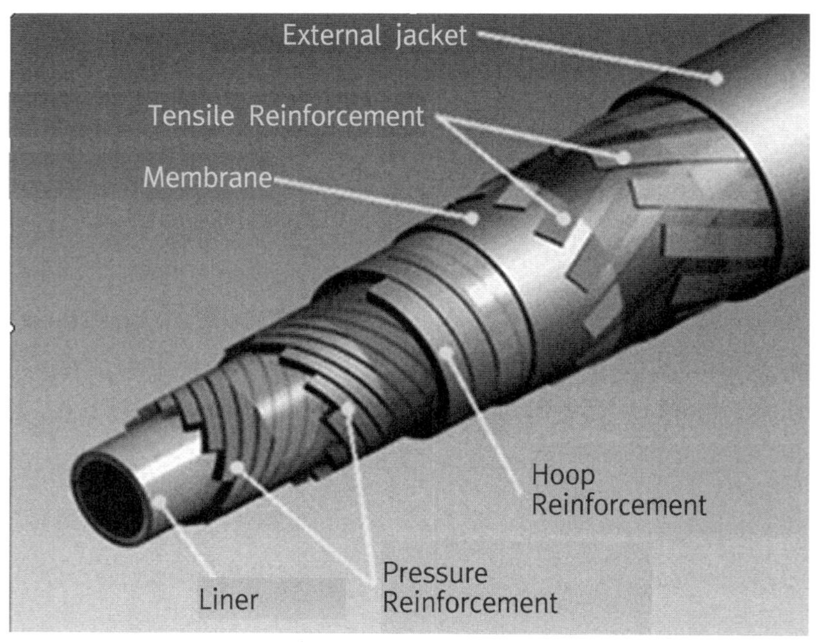

그림 7.12 복합물질로 만든 유연성 파이프

파이프에 보온재료를 쓰지 않고 내관과 외관 사이의 공간을 진공상태로 유지하는 방법도 있다. 그러나 해저 파이프를 장기간 진공상태로 유지하는 것이 어려워 거의 쓰지 않는다. 해양 파이프라인은 내부압력과 온도 외에, 바다 깊이에 따른 해수의 정수력과 설치 시 발생하는 장력에도 견딜 수 있도록 제작하여야 한다. 또한, 원유 운송 시 걸리는 높은 압력과 온도로 파이프라인에 팽창이 생겨 파이프가 휠 수도(Bending & Buckling) 있으므로, 강하면서도 유연한 파이프가 필요하다.

최근에는 철을 전혀 쓰지 않고 CFRP 같은 복합물질을 사용하여 만든 유연성 파이프가 개발되고 있는 실정이다. 유연성을 유지하면서도 값이 싸고 가벼워 동적 거동을 하는 라이저에 유리하다.

7.2.1 심해저 파이프 설계 조건

해저 송유관 설계 시 기본적으로 아래와 같은 설계 기준이 필요하다.

- Pipe Size
- Design Pressure
- Design Temperature
- Pressure and Temperature Profile
- Max/Min Water Depth
- Corrosion Allowance
- Required Overall Heat Transfer Coefficient (OHTC) Value
- Design Code (ASME, API, or DNV)
- Installation Method (S, J, Reel, or Tow)
- Metocean Data
- Soil Data
- Design Life, etc.
- Fluid Property (Sweet or Sour)

설계기준을 확정하면 해저시설물 위치를 고려하여 파이프라인의 경로를 정한다. 이때 해저면의 평탄성(seabed irregularity), 장애물, 어업 · 자연보호지역 등을 고려하여 최단거리를 택한다. 부득이하게 곡선을 그리며 우회할 때에는 어느 정도의 곡선반경으로 파이프를 설치할 수 있는지 계산해야 한다. 그 다음 아래 사항을 고려하여 강관 두께를 결정한다.

- Internal pressure (burst)
- External pressure (collapse/buckle propagation)
- Bending & buckling
- Combined load

파이프라인 설계는 주로 API RP-1111, ASME, 혹은 DNV 설계규정에 따른다. 결정된 강관 두께는 열팽창, 해저면에서의 안정성, 그리고 설치 시 스트레스 등을 고려하여 재검토한다. 또한, 해저면에 놓여있는 파이프 라인은 파도나 조류에 밀리지 않도록 충분한 자중을 갖도록 설계하여야 한다. 파이프와 해저면의 수평 마찰저항력이 해수력보다 작으면 파이프라인은 안정성을 잃는다.

파이프라인 부식 방지를 위하여 FBE(fusion bonded epoxy) 등 부식방지 코팅을 하지만 만일을 대비하여 부식을 방지하는 금속에 그 금속보다도 전위가 낮은 금속을 취부하여 전지작용에 의한 금속의 부식을 방지하기 위해 추가적으로 알루미늄 아노드(anode)를 강관 외벽에 부착한다(그림 7.20).

마지막으로 해상 설치 시 파이프라인에 과도한 스트레스가 걸리는지 검토한다. 이렇게 여러 설계과정을 거치고 허가 규정이나, 설계 규정, 그리고 설치가능성과 설치 시 안전성 등을 종합 검토하여 파이프라인을 설치한다.

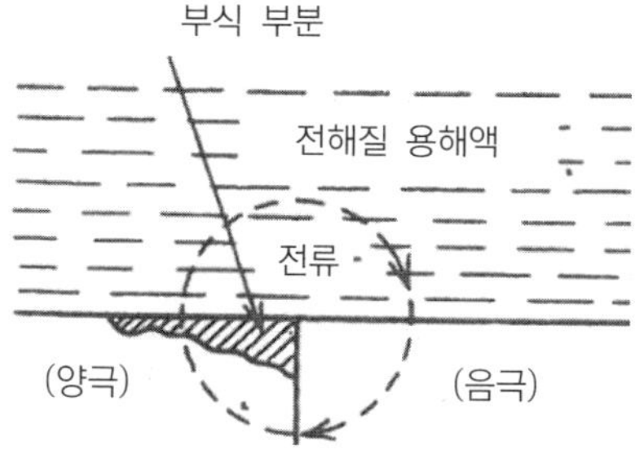

그림 7.20 전지작용에 의한 부식

7.2.2 해저면 파이프 설치

파이프를 설치하는 과정은 각 파이프 부분별로 용접, 조립하여 전체 파이프라인을 만드는 것과 원하는 경로를 따라 파이프라인을 설치하는 것으로 크게 두 가지의 과정을 거친다(그림 7.21). 파이프라인 경로 결정에는 여러 가지 요인들을 고려하여 결정하며 다음과 같다.

- Physical and environmental conditions (ex. currents, wave regime etc)
- Availability of equipment and costs
- Water depth
- Pipeline length and diameter

(2-1) Pull/tow system

Pull/tow system은 전체 파이프라인을 만드는 공정을 해상구조물이 아닌 지상에서 완료한 후 예인선이 해당 지점까지 예인을 하여 설치하는 방법이다. 본 시스템의 장점은 용접 조립 및 검사를 지상에서 완료한 후 설치하므로 시간이 적게 걸리는 것이 장점이다. 또한, 미리 조립을 하므로 다양한 길이의 파이프라인을 제작할 수가 있다. Pull/tow system은 파이프라인의 예인 깊이에 따라 여러 가지 방법으로 구분될 수 있으며 다음과 같다.

(a) 파이프라인 조립 (b) 파이프 설치

그림 7.21 파이프 설치 과정

그림 7.22 Surface tow

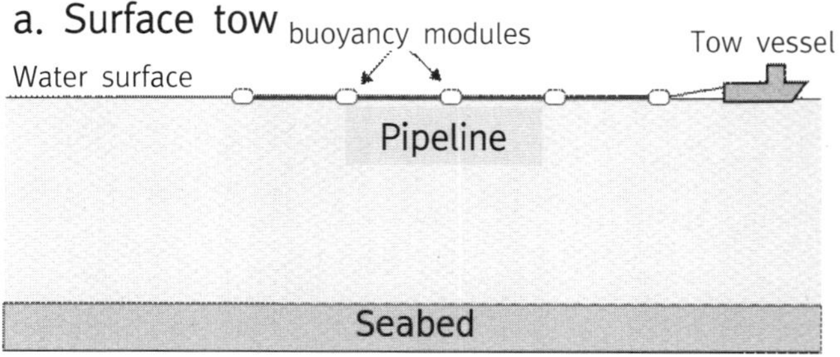

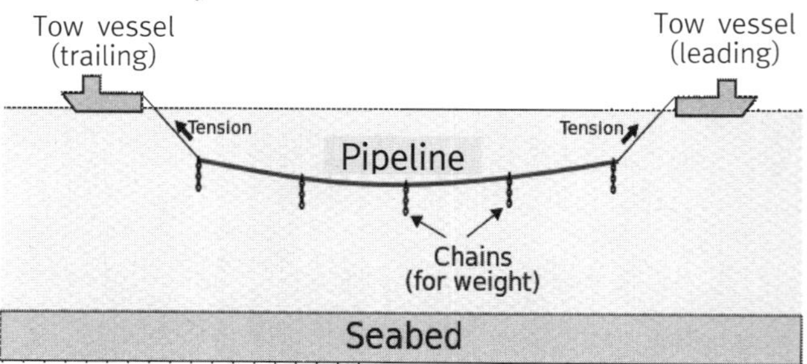

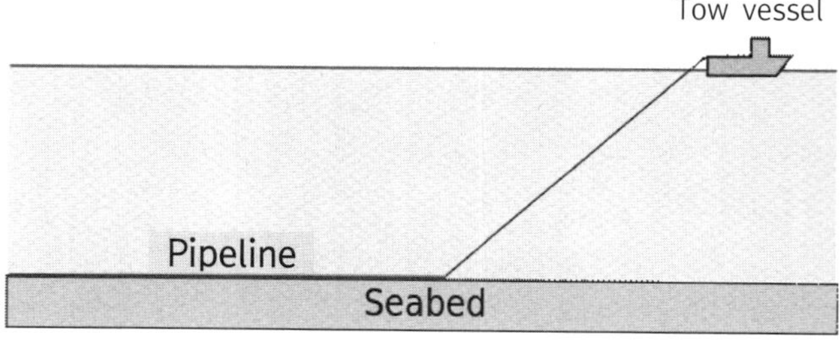

그림 7.23 파이프 잠수 깊이에 따른 예인 방식 분류

(1) Surface tow

조립된 파이프라인에 부력체를 부착하여 해수면에 띄워 예인하는 방법이다(그림 7.22). 해당 지점까지 예인 후 부력체를 제거하여 파이프라인을 가라앉히는 방법(그림 7.23a)으로 설치하게 된다. 그러나 거친 해상 상태나 측면에서 오는 조류에 취약하다.

(2) Mid-depth tow (catenary tow)

파이프라인에 부력체를 부착하지 않고 두 대의 예인선이 파이프라인 양 끝단에 체인을 걸어 예인하는 방법이다(그림 7.23b). 부력체가 없기 때문에 파이프라인의 자중으로 가라앉지만 이를 양 끝단에 걸린 체인에 장력을 주어 일정 깊이 이상 가라앉지 하여 예인한다. 이 때 파이프라인의 형상이 현수선(catenary)과 같다하여 catenary tow라고도 한다.

(3) Bottom tow

극한의 해상환경 상태의 경우 사용하는 방법으로 파이프라인을 해저면에 닿게 하여 끌고 가는 방법이다(그림 7.23c). 그러나 바닥면이 거칠 경우 파이프라인에 손상을 입으므로 일반적으로 파이프라인에 마모코팅을 한다. 또한, 바닥면을 지나가므로 예인 경로 설정 시 다른 플랫폼에서 설치한 해저 파이프 및 구조물을 고려하여야 한다.

(2-2) S-lay system

S-lay system(그림 7.24a)에서는 Pull/tow system과 달리 파이프라인의 용접 조립 과정을 지상에서 하지 않으며 해상 파이프부설선에서 진행한다. 따라서 선박에는 용접 및 검사를 위한 파이프 조정 컨베이어, 용접 스테이션, X-ray 장비, 조인트코팅모듈 등의 장비가 부가적으로 필요하다.

조립된 파이프라인은 선수 혹은 선미에 있는 스팅거(stinger; 그림 7.25)라는 장비를 통해 아래 방향으로 조정되며 해저면에 접근하기 전 텐셔너(tensioner; 그림

7.26)을 통해 장력을 조절하여 바닥면에 닿게 한다. 이후 파이프가 설치되며 아랫방향으로 볼록한 형태로 굽힘(sagbend)을 받으며 바닥에 설치되며, 굽힘은 설치된 파이프의 자중을 통해 텐셔너로 조절한다(그림 7.24a). 그러나 S-lay 방법은 수심이 깊어질수록 스팅거 부분에서의 굽힘(overbend)과 해저면 부분의 굽힘 증가로 인해 심해저에서 사용은 적합하지 않다.

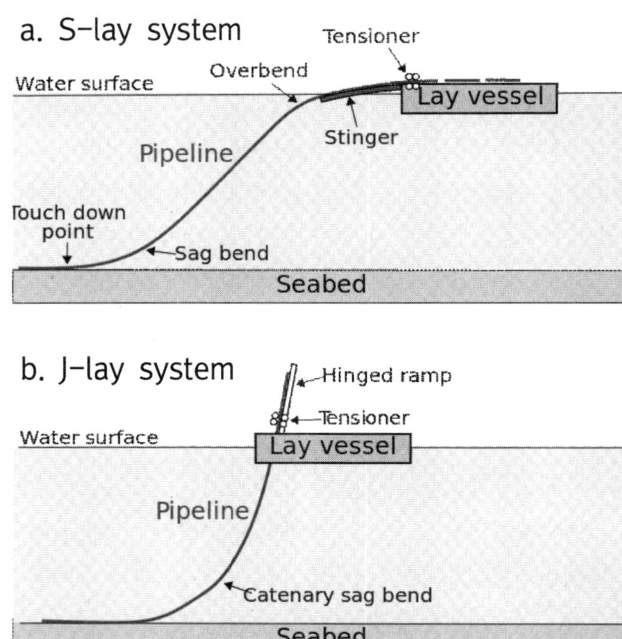

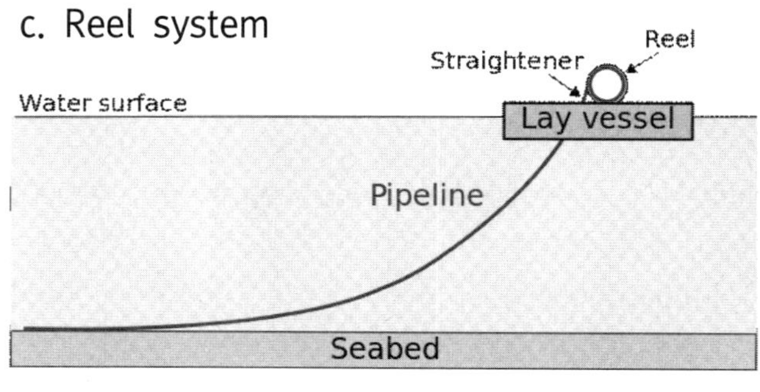

그림 7.24 파이프 설치 방식 분류

그림 7.25 파이프 부설선에 장착된 스팅거

그림 7.26 파이프 부설선에 장착된 텐셔너

(2-3) J-lay system

J-lay system은 S-lay system과 같이 해상에서 파이프라인을 용접 조립 및 검사를 진행한다. 그러나 S-lay 방법과 달리 심해역에서도 설치가 용이하다. J-lay 방법은 기존의 스팅어의 경사를 가파르게 하여 파이프를 거의 수직으로 내려 보낸다(그림 7.27). 이후 텐셔너를 조정하며 바닥면에 닿게 하여 설치를 진행한다(그림 7.24b). 이때 파이프에 걸리는 굽힘이 S-lay와 다르게 스팅어 부분에서의 굽힘이 없으며, 해저면에서의 굽힘이 집중되지 않고 넓게 퍼져 걸려 심해저 설치에 사용된다.

그림 7.27 J-lay system의 스팅거

그림 7.28 용접 스테이션에서 파이프 라인 용접
(http://parallaxfilm.com/)

그림 7.29 릴에 파이프를 감는 모습

그림 7.30 Reel-lay system을 사용한 파이프 설치

(2-4) Reel-lay system

Reel-lay system(그림 7.24c)은 pull/tow system과 마찬가지로 지상에서 파이프라인을 용접 조립한다. 그러나 파이프를 예인하는 것이 아닌, 파이프를 릴(reel)에 휘감아 운반(그림 7.29)하며 선상에서 파이프라인을 설치하여야 하므로 스팅거가 존재한다(그림 7.30). 자체적으로 용접 및 검사를 필요하지 않기 때문에 설치만 하면 되는 장점이 있으나, 파이프를 릴에 감아야 하므로 보통 400 mm 이상 큰 구경의 파이프라인에서 사용하지 못하는 단점이 있다.

7.2.3 파이프 손상 사례 및 해결 방안

1) Snaking & Upheaval buckling

고열이나 고압으로 파이프라인은 팽창할 수 있다. 팽창이 과하면 아래와 같은 굽힘 변형이 일어난다(그림 7.31). 이러한 경우 강관 두께를 두껍게 하거나 콘크리트 코팅 등 아래와 같은 조치를 취한다.

- Heavy(thick) wall pipe
- Concrete weight coating
- Trenching(그림 7.32)
- Burial(그림 7.33)
- Rock dumping(covering)
- Concrete mattress(그림 7.34) or bitumen blanket

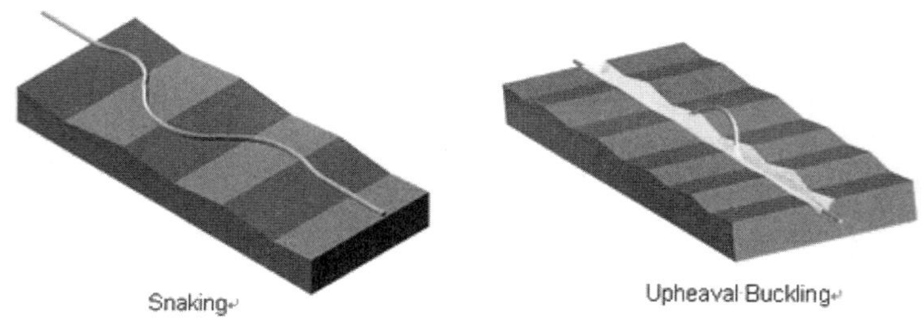

그림 7.31 파이프라인의 굽힘 변형 종류

그림 7.32 해저면에서 Trenching 작업 묘사도

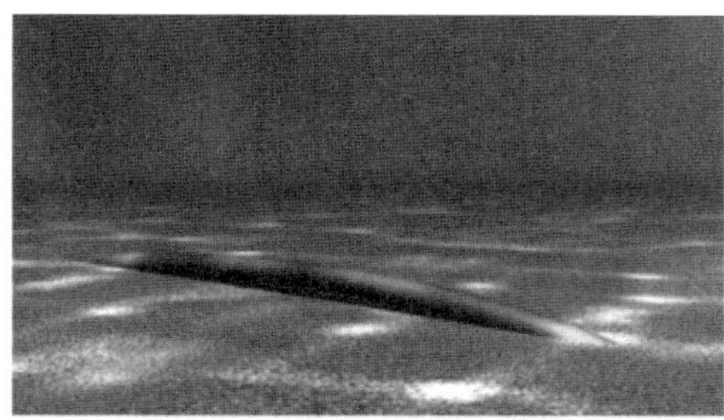

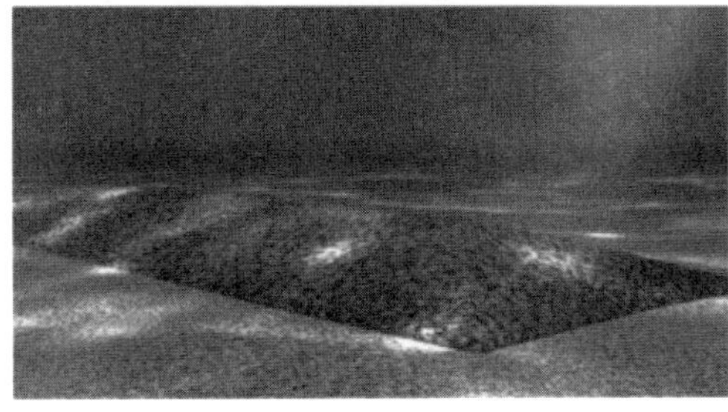

그림 7.33 Pipe burial

그림 7.34 Concrete mattress

2) Free-span

해저면 굴곡으로 파이프라인의 일부분이 해저면에 닿지 않고 해저면에서 떨어져 있는 구간을 자유경간(free-span)이라 한다(그림 7.35). 자유경간의 길이가 길수록 파이프에 응력이 많이 걸리고, 조류에 따라 파이프라인이 진동하면서 균열이 생기거나 파괴될 수 있다. 이를 방지하기 위해 자유경간에 지지대를 세우거나 스트레이크나 패어링 등의 진동방지 시스템을 덧씌우기도 한다(그림 7.36, 7.37).

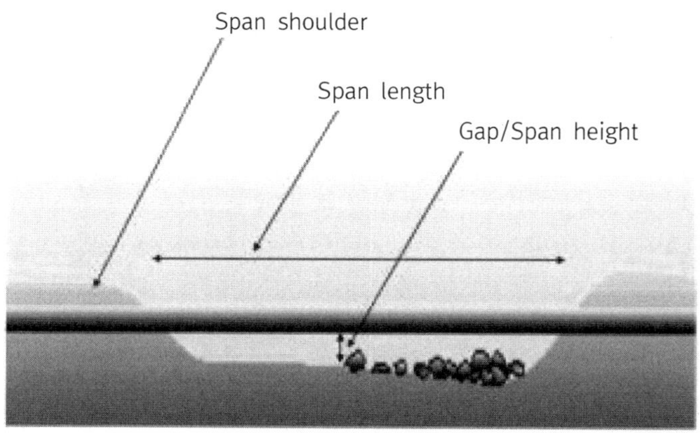

그림 7.35 파이프 설치 시 발생하는 자유경간 개념도

그림 7.36 파이프에 설치된 Fairings

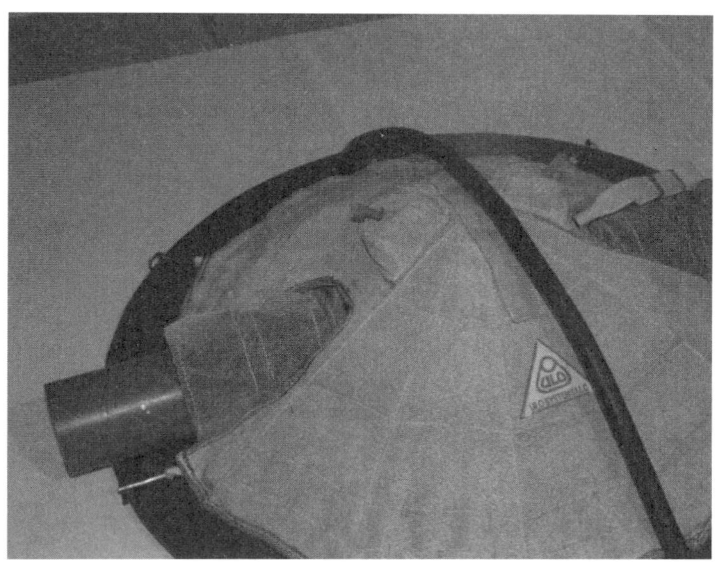

그림 7.37 파이프를 지지하는 돔형 지지대

3) Trawl-gear loads

Trawl-gear loads는 파이프라인이 해저에 설비되어 있을 때, 어선과 같은 선박들이 trawl이라는 일종의 어망과 같은 구조물을 바닥에 내려 항해할 때 파이프라인에 걸려 파이프라인을 측면에서 굽힘을 주는 하중을 trawl-gear loads라 한다. 이는 단순히 천해역의 경우에만 발생하지만, 심해저의 경우 최근 해저설비 중장비들

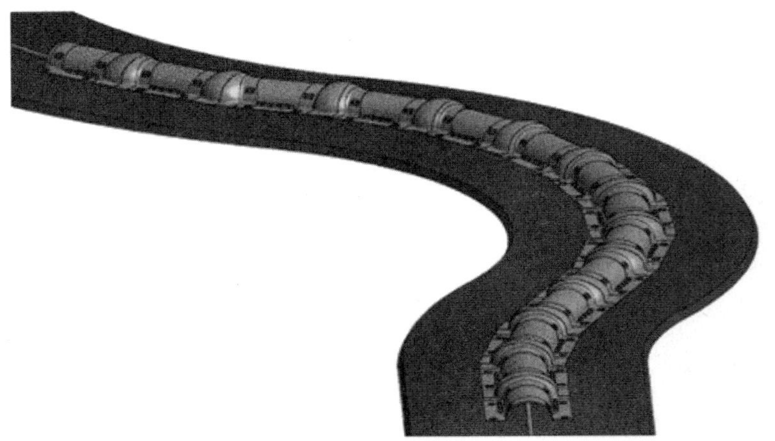

그림 7.38 파이프 위에 설치한 보강구조물

이 지나다니는 경우도 있어 외부 구조물이 파이프라인에 하중을 가하는 경우를 통칭하여 trawl-gear loads라 한다. 이러한 측면에서 발생하는 굽힘 하중을 막기 위해 파이프 위에 보강구조물을 덮어 지면에 고정하여 사용한다(그림 7.38).

4) Bending loads

파이프가 설치되며 부득이 하게 파이프가 휘어져야 하는 부분이 발생한다. 파이프의 진행방향 중 경사가 있을 경우가 대표적이며, 굽힘이 발생되는 부분은 통상적으로 수동역학적인 하중보단 정적 굽힘 하중이 더 지배적이게 된다. 이런 경우 bending restrictor를 설치하여 추가 굽힘을 강제로 구속하는 구조물을 설치하게 된다(그림 7.39).

5) Soil condition

해저면의 토양 상태에 따라 파이프의 설치 방식도 바뀌게 된다. 대표적인 경우가 극지대의 경우이며, 곳곳에 있는 빙산으로 인해 파이프 매장방식(pipe burial)을 주로 사용하게 된다(그림 7.40). 문제는 빙산을 피해 땅속에 묻더라도 지층 속에 있는 영구 동토층(permafrost)이라는 땅속의 물이 얼어 있는 곳을 관통하여 설치할 경우가 있다. 이런 경우 파이프가 석유/가스가 흐르면서 가열될 경우 녹게 되며(permafrost thaw) 지반이 꺼져 파이프에 심각한 변형을 일으키게 된다(그림 7.41). 이를 해결하기 위해 지질탐사로 영구 동토층이 발견되면 해당 지역에 탱크와 같은 구조물을 먼저 설치하며 지반이 꺼지지 않게 한 후 파이프를 설치한다.

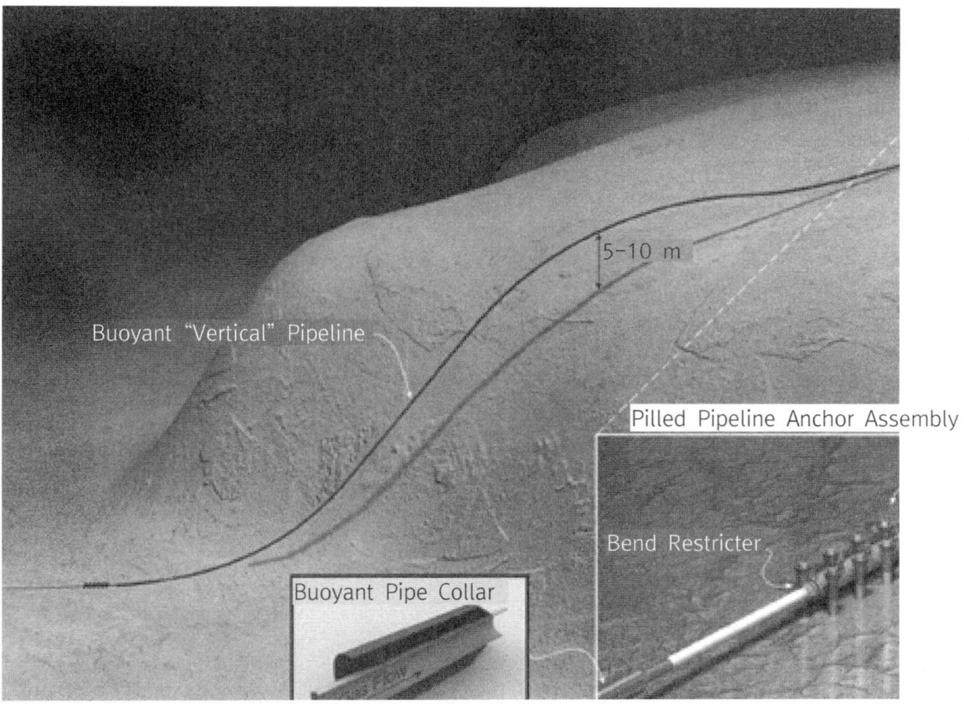

그림 7.39 경사면에서의 곡률을 가진 파이프라인을 설치하기 위한 구조물 배치도

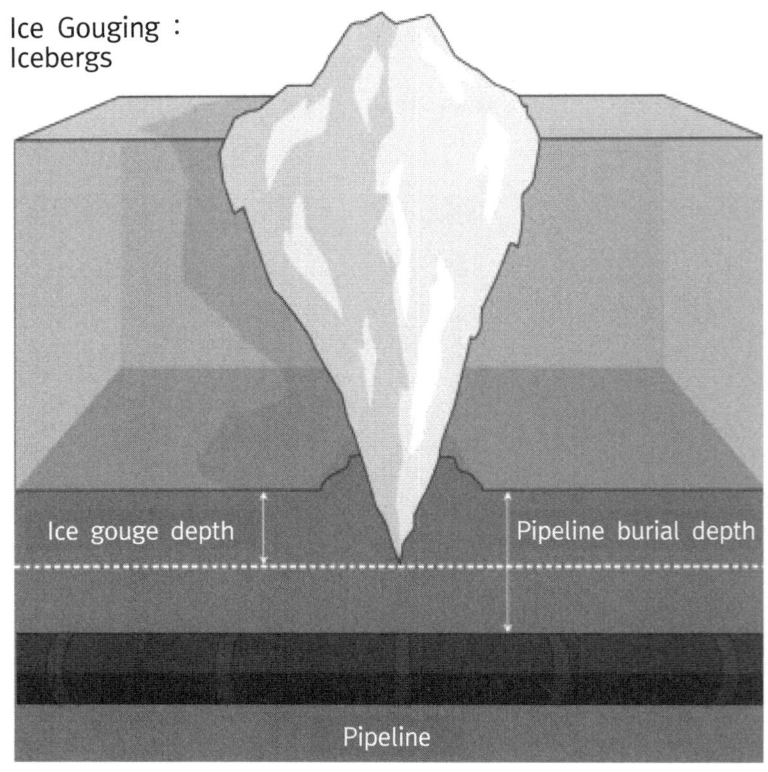

그림 7.40 빙산이 존재하는 경우 파이프라인 설치

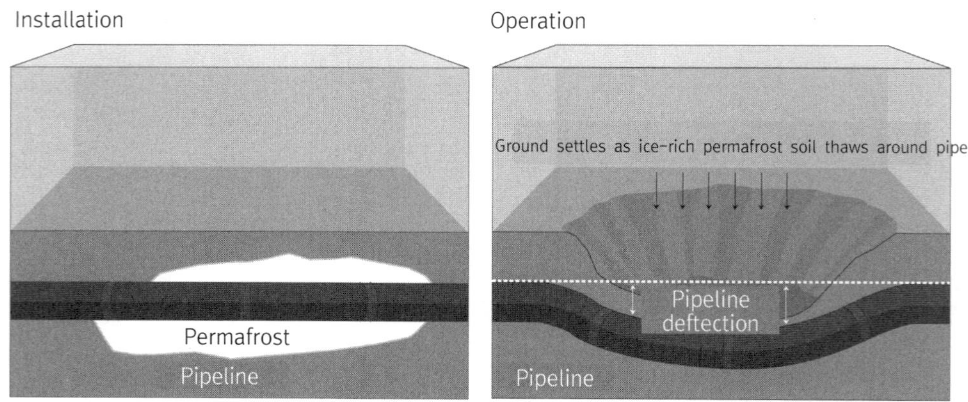

그림 7.41 영구동토층의 해빙으로 인해 파이프가 손상을 입는 모습

Chapter 8

해양구조물의 기타 기능
(Other Offshore Structures)

8.1 플랜트 기능
8.2 저장 기능
8.3 도시 기능
8.4 레저, 스포츠 시설
8.5 과학/연구시설
8.6 군사 시설

자원 시추 및 생산 목적의 해양구조물뿐만 아니라 플랜트 혹은 쓰레기 처리장 등과 같은 혐오 시설을 육지와 먼 해상에 설치하거나, 해상에서의 생활 및 오락 활동을 위해 호텔, 주택 및 마리나와 해상레스토랑 등을 건설하는 등 기능과 목적에 따라 다양한 형태의 해양 구조물들이 제작되고 있다. 본 장에서는 플랜트 시설, 저장 시설, 도시 기능, 과학연구시설, 군사 시설 등 다양한 기능에 따라 해양구조물을 분류하여 소개한다.

8.1 플랜트 기능

해상 플랜트는 선박이나 상자 형 바지 위에 플랜트 설비들을 탑재하여 필요 해역으로 이동하여 설치한다. 바지는 일반적으로 자항 능력이 없기 때문에 예인선에 의해 이동되며, 탑재된 플랜트 설비로는 발전 설비, 화학 설비, 폐기물처리 시설, 석유나 액화천연가스 등의 생산 자원을 저장하는 설비 등이 있다. 해상 플랜트는 공사장비, 기자재, 작업인원 등이 해상 현장에 모두 준비된 상태에서 설치되어야 하기 때문에 육지와의 거리와 파도, 조류 등 작업해역의 환경에 따라 제약을 받는다.

1) 발전용 플랜트

발전용 플랜트의 목적은 가정 및 사회생활과 산업에 필요한 전력을 경제적인 가격으로 안정성 있게 생산하는 것이다. 발전플랜트는 사용 연료에 따라 원자력 발전플랜트, 석탄, 천연가스, 석유 등을 이용하는 화력 발전플랜트, 수력, 풍력, 태양열을 이용하는 재생에너지 발전플랜트 등으로 나누어지며, 발전 산업은 기술 집약형 고부가가치 산업이다. 최근에는 디젤 발전기를 작은 바지에 하나씩 탑재한 컨테이너 발전설비가 제작되어 필요 시 여러 개의 작은 컨테이너 바지가 모여 큰 규모의 발전설비를 구성하는 모듈방식의 발전용 플랜트가 고안되고 있다. 이러한 발전설비는 발전, 송전시설이 취약한 지역의 건설 현장이나 호텔, 공장 등에 필요한 소규모 발전, 가뭄이 잦아 수력발전이 불가능한 지역에서 많이 사용한다. 그림 8.1~8.4는 다양한 해상 플랜트를 소개하고 있다.

그림 8.1 가동 물체형 파력발전 플랜트(영국)

그림 8.2 스리랑카에 설치된 64 MW급 발전용 플랜트 바지

그림 8.3 대우조선해양에서 건조예정인 발전용 해상플랜트

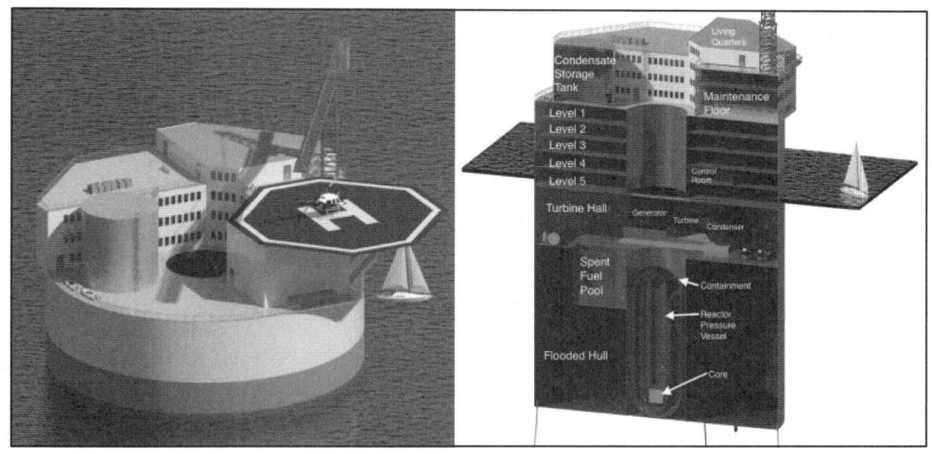

그림 8.4 MIT에서 개발 중인 해상 원자력 플랜트 개념설계

2) 해수담수화 플랜트

해수담수화란 해수에서 염분을 제거하여 담수를 생산하는 기술을 말하며, 증발법(MSF : Multi-Stage Flash)과 역삼투압법(RO : Reverse Osmosis)으로 구분된다. MSF 방식은 대용량 해수담수화 장치에 널리 사용되고 있으며 고압상태의 열교환기 내에서 가열된 해수를 증발시켜 담수를 생산하는 방식이며, 역삼투압 방식(그림 8.5)은 해수에

존재하는 염분을 삼투막에 통과시켜 제거함으로 담수를 생산하는 방식이다. 최근에는 태양열을 이용하여 증류하는 방식에 대한 연구 개발도 이루어지고 있다(그림 8.6). 또한, 생활용수나 공업용수가 부족한 지역으로 이동시켜 사용하는 해수담수화 플랜트 바지가 등장하고 있다(그림 8.7).

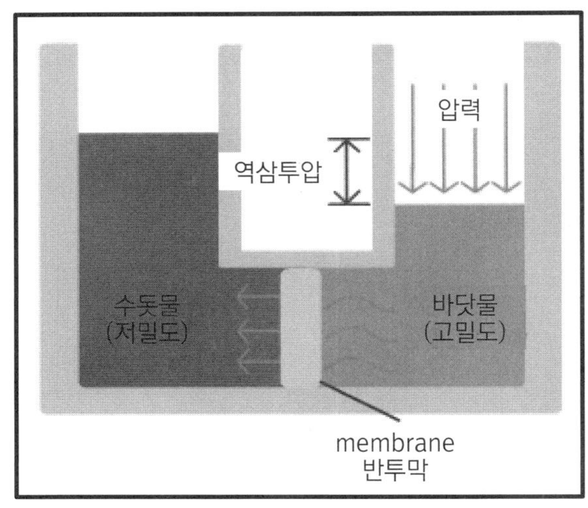

그림 8.5 역삼투압 방식의 해수담수화 원리
[자료출처:www.roplant.co.kr]

그림 8.6 태양력을 이용한 해상 담수화 플랜트의 개념설계
[자료출처:www.philpauley.com]

그림 8.7 출하 중인 해수담수화 설비 장치

3) 석유화학 플랜트

석유화학 플랜트는 채굴된 원유나 천연가스를 현장에서 정제, 처리하여 중간재 혹은 최종 석유화학 제품을 생산하는 시설이다. 생산되는 제품에는 휘발유, 등유, 경유, 중유나 항공유와 같은 연료유를 비롯하여 프로판이나 부탄가스, 그리고 각종 석유화학제품의 원재료가 되는 나프타, 아스팔트 등이 있다. 석유화학 플랜트나 가스액화 플랜트(FSRU)에는 채굴된 석유나 천연가스를 저장하고 하역할 수 있는 기능도 함께 가지고 있는 것이 많다.

4) 펄프/시멘트 플랜트

원목생산이 활발한 인도네시아나 브라질과 같은 열대우림 지역에 펄프/제지공장을 탑재한 바지를 배치하거나 시멘트 원료가 채취되는 지역에 시멘트 플랜트 바지(그림 8.8)를 배치하여 현장에서 제품을 생산하는 데 사용된다. 펄프나 시멘트 등을 생산하는 플랜트 바지는 제품생산을 위한 공장설비와 함께 공장가동에 필요한 전력, 증기의 공급 및 약품을 회수하는 장치를 탑재한 설비를 함께 갖추고 있거나 아니면 별도의 발전용 플랜트 바지에 인접해서 설치하는 경우가 많다.

그림 8.8 시멘트 플랜트 바지

8.2 저장 기능

해양플랜트 구조물의 중요한 용도 중 하나로 공업용 원료와 제품의 해상 비축/저장 기능이 있다. 육상에서 비축기지 건설에 필요한 부지 확보가 어려운 경우 육지에 인접한 바다를 매립하여 용지를 마련하거나 해상에 부유식(그림 8.9)으로 비축기지를 건설한다. 대규모 저장시설이 필요한 경우는 매립식 부지를 이용한다(그림 8.10).

그림 8.9 LNG-FPSO

그림 8.10 한국가스공사, 인천 LNG 인수기지

8.3 도시 기능

1) 해양도시의 조건

해양공간을 도시기능으로 이용하는 방법으로는 얕은 바다를 매립해 육지화하는 매립식과 여러 가지 형태의 부유식 해양구조물을 이용하는 방식으로 구분 할 수 있다. 해양도시 건설을 위해서는 기본적으로 다음의 네 가지 조건을 고려해야 한다.

- 도시로서의 기능을 발휘하기 위해서 에너지 확보가 필요하다. 바다에서 에너지를 추출하여 이를 이용하는 형태가 가장 바람직하며, 조류나 온도 차를 이용한 발전, 간만의 차나 온도의 힘을 이용한 발전과 더불어 태양열이나 풍력에너지와 같은 자연에너지를 다양한 형태로 복합시켜 에너지원으로 이용한다.
- 도시전체의 원활한 용수공급이 필요하다. 우리나라를 비롯한 동북아시아 지역에서는 연간 1,000~2,000 mm 의 강수량이 있으므로 순환시스템과 해수의 담수화 기술을 잘 활용하여 용수문제를 해결해야 한다.
- 육상과의 편리한 교통연결이 필요하다. 해저터널이나 연육교가 건설되고 초고속 대형선박이 개발되어 날씨와 관계없이 육상과 연결되어야 한다.

- 교통연결의 범주를 넘어선 외부, 내부와의 통신연결이 필요하다. 마이크로 웨이브로 통신을 확보하는 방안과 함께 우주통신위성을 이용하여 육상도시 또는 세계 곳곳의 도시와 네트워크를 구축하고 또한 도시 내의 통신 문제에 대해서는 광케이블을 이용하여 완전한 통신망을 구축해야 한다.

2) 주거시설

육지가 아닌 해상에 호텔, 주택 등의 주거시설을 건설할 경우, 쾌적한 해상의 자연경치도 즐기고 해양에서의 공간이용을 극대화 할 수 있다. 부유식 해양도시는 크게 폰툰구조물을 이용한 바지형 주거시설(그림 8.11)과 선박형 주거시설이 있다(그림 8.12). 주거용 바지는 해상작업이나 해저유전 개발에 참여하는 작업자 숙소로 이용되고 있어 장기간 거주에 필요한 물과 전기를 생산하는 담수화 시설과 발전시설도 함께 탑재하고 있다. 이외에도 매립식 인공섬 형태의 주거시설로 두바이에서 시공한 단독주거시설인 "The world(그림 8.13)"를 들 수 있다. 이 인공 섬은 구입하면 자신의 취향에 맞게 각종시설을 건축할 수 있고 집 주변의 섬 한 바퀴를 산책하는데 걸리는 시간은 평균 40분 정도로 너무 크지도 작지도 않은 섬이다.

그림 8.11 폰툰구조물을 이용한 바지형 주거시설

그림 8.12 선박형 주거시설의 모습

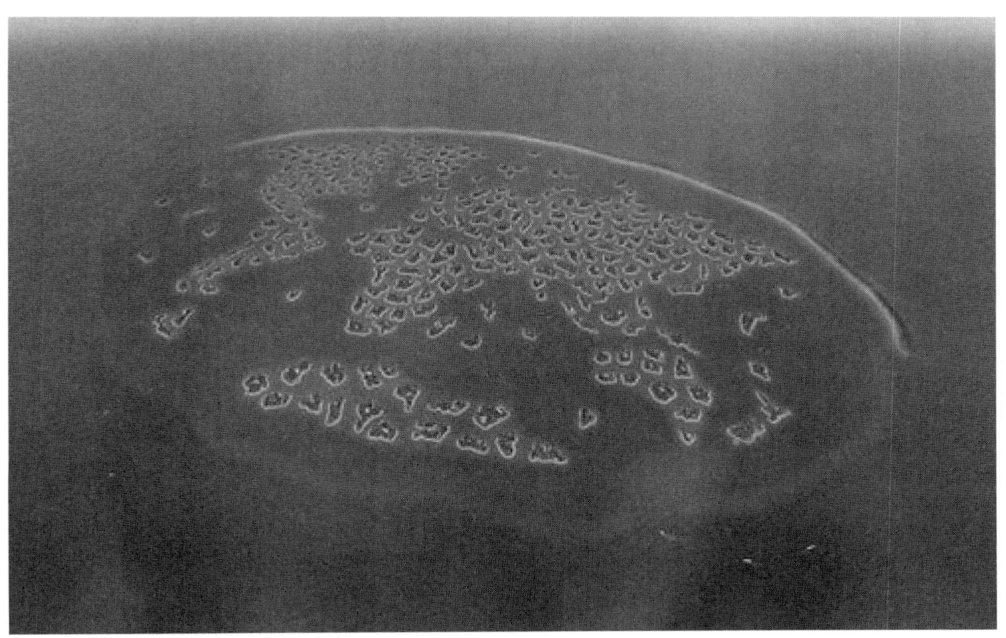

그림 8.13 한 개 섬에 한 개 주택이 있는 팜 주메이라의 'the world' 조감도(두바이)

그림 8.14 홍콩의 해상 레스토랑

3) 문화시설

도시기능을 갖춘 해상구조물에서는 호텔과 같은 주거시설만 있는 것이 아니며 선주의 요구에 따라 영화관이나 공연장, 전시장, 회의장, 레스토랑 등 다양한 기능과 형태를 갖는 해양시설을 설치할 수도 있다(그림 8.14).

4) 폐기물 처리 설비

대도시에서는 많은 생활오수와 쓰레기가 배출되고 있으며 이를 처리하기 위한 시설과 장비를 설치하는 공간에 많은 제약을 받는다. 해양플랜트를 이용해서 소음이나 악취를 유발하는 쓰레기 소각, 하수 처리, 핵폐기물, 방사선 물질, 고압가스 등의 위험물 취급시설을 도시에서 멀리 떨어진 해상에 설치, 운영함으로써 사람들에게 직접적으로 피해를 주는 환경문제를 완화시킬 수 있다(그림 8.15).

그림 8.15 해안에 설치되는 부유식 하수처리 플랜트

8.4 레저, 스포츠 시설

일반적으로 해양구조물은 산업 및 공업적인 목적으로만 사용되었다. 하지만 삶의 질이 향상되고 인구가 증가하면서 육상 공간의 부족으로 인해 인류는 해양으로 눈을 돌리게 되었다. 따라서 미래의 해양구조물은 해저 자원의 시추 혹은 조사에만 사용되는 것에서 나아가 인간의 삶을 더욱 윤택하게하기 위해 활용된다. 여가생활을 멋지고 의미 있게 즐기기 위한 레저 산업이 크게 발달 하고 있으며 이에 대한 관심과 투자 또한 증가하고 있는 추세이다.

요트나 레저용 보트의 정박시설과 계류장, 해안의 산책길, 상점 식당가 및 숙박시설 등을 갖춘 항구를 마리나(Marina, 그림 8.16)라고 한다. 일반적으로 마리나는 적당한 수심을 확보한 해안을 정비하여 육상에 건설되지만, 최근에는 환경적인 문제와 효율성을 고려하여 해안으로부터 떨어진 해상에 설치되는 부유식 구조물에 대한 관심이 증대되고 있다.

그림 8.16 마리나 조감도

현재 우리나라는 해양 레저 산업으로서 마리나 산업에 대해서 많은 관심을 가지고 표 8.1과 같이 전국적으로 마리나 항구를 건설 할 계획을 가지고 있다. 하지만 기존 마리나 시설은 해안 매립 및 준설에 따른 건설비가 증가하고 해안과 갯벌의 환경파괴 문제 그리고 방파제, 호안 등 추가 방재시설이 필요하다는 문제점이 있다. 마리나 개발의 낮은 경제성으로 인해 국내 마리나 시장의 활성화가 지연 되고 있다. 해상 부유식 마리나(그림 8.17)는 함체를 분리 제작한 후, 안전 해역에서 조립한 콘크리트 구조물을 해상에 띄우고, 해저에 돌핀 계류 또는 와이어와 앵커로 고정한다. 주요 관심사인 토지 매입, 준설, 매립 등이 불필요하고 보트의 접안 시설을 내부에 설치하여 항내에 진입하는 파랑을 차단 할 수 있다. 또한, 부유식 마리나는 추후에 확장, 이동, 제거가 용이하다. 그리고 내진 효과가 우수하고 환경 친화적 구조물이며 전력과 용수는 자체 해결을 하거나 육상을 통해서 공급을 받는 형식이다.

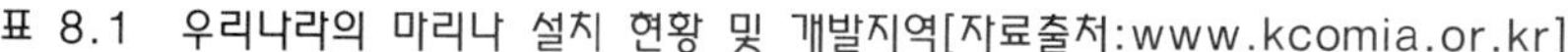

표 8.1 우리나라의 마리나 설치 현황 및 개발지역[자료출처:www.kcomia.or.kr]

순번	마리나명	개발연도	계류·규모 (해상/육상)	소재지
1	전곡 마리나	2009	145/55	경기도 화성시 전곡항
2	서울 마리나	2010	60/30	서울특별시 여의도
3	보령요트경기장	2001	0/50	충남 보령시 남포면 월전리
4	김포아라 마리나	2010	136/57	경기도 김포시 고촌읍 전호리
5	격포 마리나	2011	37/ 0	전북 부안군 변산면 격포리
6	목포 마리나	2009	50/25	전남 목포시 산정동 목포항
7	여수 소호 마리나	1987	2/50	전남 여수시 소호동
8	삼천포 마리나	2006	32/20	경남 사천시 송포동
9	금호 충무 마리나	1994	90/40	경남 통영시 도남동
10	물건 마리나	2011	35/10	경남 남해군 삼동면 물건리
11	수영만 마리나	1986	293/155	경남 부산시 해운대구
12	양포 마리나	2008	39/ 0	경북 포항시 양포삼거리 양포항
13	강릉 마리나	2009	40/ 4	강원도 강릉시 견소동
14	양양 마리나	2010	60/80	강원도 양양군 손양면 수산리
15	도두 마리나	2009	14/ 4	제주특별자치도 제주시 도두1동
16	김녕 마리나	2010	20/ 0	제주특별자치도 제주시 구좌읍 김녕리
17	사곡 마리나	-	5/10	경남 거제시 사등면 사곡리
18	진해 마리나	-	50/30	경남 창원시 진해구 남문동
	기타 (추가개발지역)	구북	5/ 0	민간운영
		충주	0/ 5	충주시 개발/운영
		함평	-	개발 중
		속초	6/ 0	민간개발/운영, 추가개발

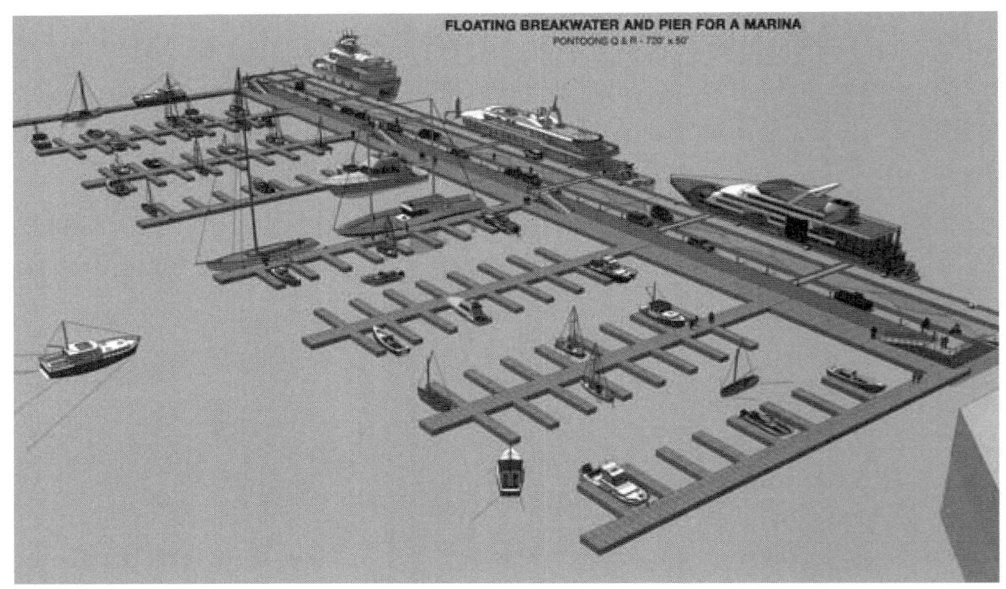

그림 8.17 부유식 마리나 조감도
[자료출처:concretesubmarine.activeboard.com]

해상에 건설되는 스포츠 시설들에 사용되는 설계 기술 역시, 기존에 다른 구조물에 사용했던 설계 기술을 그대로 사용하면 된다는 장점이 있다. 기존의 있던 해양구조물들을 개조해서 만드는 경우에는 설계 기술이 거의 필요 없다고 봐도 무방하며, 새로 만든다고 할지라도 기존의 해양구조물의 설계 기술과 크게 다르지 않기 때문이다. 스포츠 시설은 주로 얕은 수심에 건설된다. 하지만 이러한 스포츠 시설들은 많은 논란의 여지가 있는 건축물이다. 환경 훼손에 대한 문제는 기술력이 많이 개발됨에 있어서 줄어들고 있는 추세지만, 그 건축물의 효율성 문제와 생활수준이 높지 않은 일반 사람들에게는 관련이 없는 건축물이며, 위화감을 조성할 수 있다는 의견이 있으므로 앞으로 더 많은 부분이 논의 되어야 하는 건축물이다. 그림 8.18은 싱가포르에서 폰툰을 이용해 건설한 부유식 축구 경기장이다.

그림 8.18 싱가포르에 설치된 부유식 축구 경기장

8.5 과학/연구시설

1) 해양과학기지

그림 8.19에서 보다시피, 우리나라는 현재 3개의 종합해양과학기지와 백령도 근처에 추가로 하나의 기지를 추가 할 계획을 가지고 있다. 백령도 해역에 만들어질 국내 최대 규모의 해양과학기지는 연면적이 3천 ㎡로 지금까지 건립된 기지 중 최대 규모다. 이 과학 기지는 다른 기지들과는 다르게 이동식(부유식)으로 만들어져 고장이 나거나 다른 지역으로 이동이 필요한 경우 손쉽게 옮길 수 있다. 최첨단 기상, 해양 관측장비를 비롯해 대기 오염 정도를 알 수 있는 환경 측정 장비가 탑재돼 서해상의 수온, 조류, 기후변화 등을 종합적으로 조사할 수 있다. 과학기지는 다른 과학 연안에서 벗어난 해양과학기지의 건설은 기상 및 해양예보에 상당한 도움을 주고 있다. 해류와 풍향, 풍속, 수심, 강우량, 수질 염도 측정은 물론이고 태풍의 진로 예측도 가능하다.

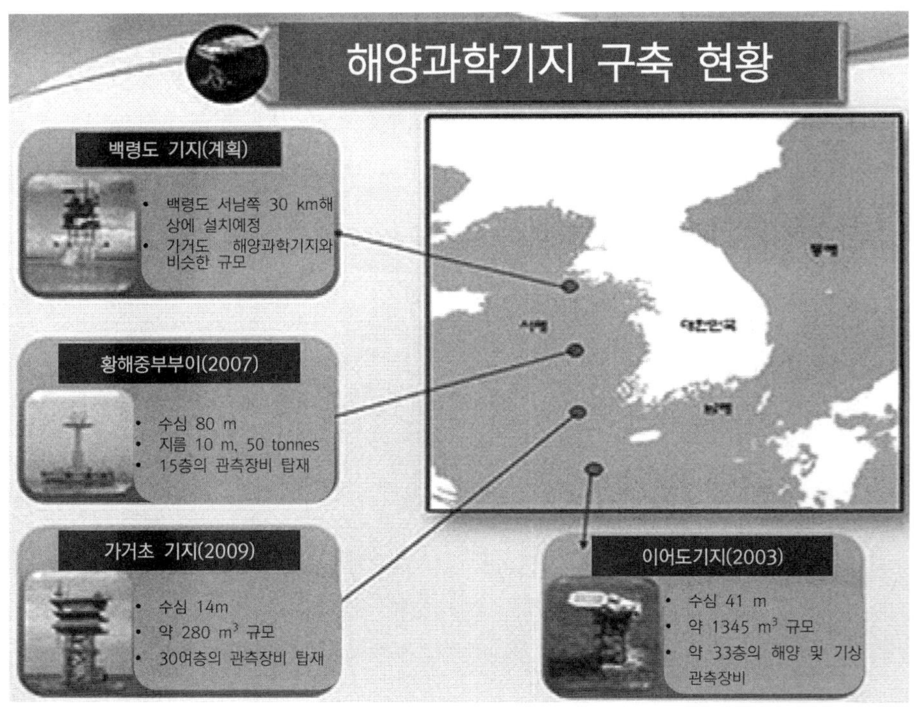

그림 8.19 우리나라의 해양과학기지 구축, 계획 현황

해양상태 등을 파악하기 위해서는 많은 자료가 장기가 축적 되어야 하며, 부표 같은 시설은 파손과 분실이 잘 되기 때문에, 장기적인 목표로는 적합하지가 않다. 해양과학기지는 고정식 구조물로, 이러한 걱정을 할 필요가 없다. 그리고 장기적으로 축적된 정보들이 정보를 분석하는 연구자들이나 어부들에게 실시간으로 전달된다. 연구자들은 이런 자료들을 축척해 여러 가지 결과를 창출하여 그에 맞는 기술로 연구가 되어서 앞으로의 대책을 세울 필요가 있다.

2) 해상 우주발사대

우리나라는 해상 우주발사대를 통해서 '무궁화 5호'를 우주로 쏘아 보내는데 성공했다. 그림 8.20는 Sea Launch사의 해상 우주발사대에 군사위성을 탑재하는 모습이다. 지금까지는 지상에 있는 발사대를 사용했던 것을 생각하면, 혁신적인 일이 아닐 수 없다. 그 이유는 인공위성은 정지궤도에서 발사 되었을 때, 가장 효율적인데. 정지궤도는 적도 위에 존재하므로 적도 위의 발사장에서 발사를 하면 가장 이상적이다. 하지만 현실적으로 정확히 적도 위에서 발사장을 건설해서, 발사를 하는 것이 지정학적인 문제 등으로 쉽지 않은 문제이므로 선박에 로켓 발사대를 설치한 후, 적도 근처로 이동하여 해상에서 발사에 성공했기 때문이다. 해상 발사의 장점 또한 많다. 적도 위는 지표의 회전이 가장 빠른 곳인데, 이 지표의 회전력이 발사로켓의 추력에 힘을 가해주기 때문에, 다른 데서 발사하는 것보다 연료가 덜 소비된다. 이 덜 소비되는 연료만큼 더 무거운 기체를 발사 할 수 있다. 적도에 자동으로 정렬되기 때문에 위치정렬에 필요한 연료손실도 줄어든다. 결과적으로 위성의 성능은 향상된다. 무궁화 5호는 일반 육지 발사대에서 발사 했을 때보다, 약 30% 이상을 절감한 것으로 추정된다. 이 밖에도 육지에서 발사하면 안정성, 환경, 국제법, 영토침범 등 외적인 문제와 예기치 못한 폭발 사고에 대비하여 발사방향이 넓게 트여있어야 하는데 해상 발사는 이런 문제에서도 합격이다.

그림 8.20 해상 우주 발사대에 군사위성 로켓을 싣는 모습

3) 해양조사연구선(FLIP)

미국의 주요한 해양 연구소인 Scripps 해양 연구소에서는 1962년에 미국의 해군의 연구지원을 받아 FLIP(Floating Instrument Platform) 이라 부르는 해양조사연구선을 건조하였다. 무게는 711톤, 길이는 108 m의 거대한 이 선박은 평상시에는 일반 다른 선박들과 마찬가지로 물에 떠 있는 선박에 불과하지만, 해양을 조사 할 때, 변신을 한다. 선미에 밸러스트를 채워 넣는데, 이때 그림 8.21과 같이, 선체를 수직으로 세우는 특이한 기술을 가지고 있는 해양구조선이다. 수직으로 세우는 이유는 세워졌을 때, 선수부의 17 m만 수면으로 나오게 되어 수선면적이 작아져서 파도의 영향을 거의 받지 않고 해양조사와 실험 등을 안전하게 수행 할 목적으로 설계 되었다. FLIP는 파고와 음파, 물의 온도와 밀도, 그리고 기상학적인 정보를 수집하는 역할을 수행한다. 자체 추진기관을 가지고 있지 않아서 예인선의 도움으로 이동을 한 후, 연구를 수행하고자 하는 목적지에 도달하면 닻을 내려서 계류하거나 자유수면에 떠다니는 방식을 취한다.

그림 8.21 FLIP의 변신과정

8.6 군사 시설

1) SBX(Sea based X-band rader)

그림 8.22에서 보이는 것처럼, 원유 시추선과 비슷한 모습을 한 해상 레이더 기지의 이름은 'Sea Based X-band rader' 로, 줄여서 SBX라고 불리며, 미국의 대륙간 탄도미사일 방어 시스템의 하나로 개발한 것이다. 이 군사 시설은 미국 보잉사가 만들었으며, SBX는 자체 동력으로 움직이는 거대한 이동식 레이더 기지로, 116 m 길이에 높이는 85 m다. 거친 바람과 파도가 부는 대양에서도 적국의 미사일을 탐지할 수 있는 것으로 전해지고 있다. 이동식 레이더 기지 한 척의 비용은 약 9억 달러이며, 75~85명의 승무원이 탑승해 임무를 수행한다.

그림 8.22 미국의 해상 레이더 'SBX'

2) MOB(Mobile Offshore Base)

MOB의 기본적 개념은 그림 8.23과 같이, 길이 304 m 폭 152 m 높이 36 m 규모의 반잠수식 유닛 모듈을 3~6개를 연결시켜 군사기지 역할을 수행하는 것이다. 각각의 모듈들은 독립적인 이동능력을 가지고 있다. 각 모듈마다 독립적인 발전기와 동력장치, 화물운반, 항공관제 시스템을 갖추고 있어서, 독립적인 작전 수행이 가능하다. 하지만 항공모함이나 수송선단을 운영하는 방식에 비해 비효율적이므로, 하나의 기능만 존재하는 구조물이다.

그림 8.23 여러 개의 모듈이 연결된 모습

부록

해양구조물 관련 동영상

"백 번 듣는 것이 한 번 보는 것만 같지 못하다 (百聞不如一見)"고 했다. 해양구조물 및 심해저 시스템의 다양한 작동 모습들을 동영상을 통해 직접 확인해 보기 바란다.

일련번호	내용	youtube 주소
1	자켓 구조물 진수 및 설치 장면 (1)	http://www.youtube.com/watch?v=FKcG4KKUdH0
2	자켓 구조물 진수 및 설치 장면 (2)	http://www.youtube.com/watch?v=DVNJumteHcs
3	자켓식 구조물 설치 과정	http://www.youtube.com/watch?v=WoBrR59Lr1o
4	북해에 설치된 자켓식 구조물	http://www.youtube.com/watch?v=Ar79VQSa6xQ
5	Jack up rig의 설치 과정 (애니메이션)	http://www.youtube.com/watch?v=2334PojhWjU
6	자켓식 구조물 설치 실패 사례	http://www.youtube.com/watch?v=eGdiPs4THW8
7	노르웨이 해역의 고정식, 부유식 해양구조물	http://www.youtube.com/watch?v=Rku7bJdYuPY
8	콘크리트 중력식 구조물 설치 과정	http://www.youtube.com/watch?v=ll_doizsqgc
9	자항중인 반잠수식 구조물	http://www.youtube.com/watch?v=GyQNuw6FyeE
10	태풍을 만난 반잠수식 구조물	http://www.youtube.com/watch?v=YnJzJ9lBm20
11	Technip사의 SPAR구조물 홍보 동영상	http://www.youtube.com/watch?v=JpfJJ2mh8yo
12	드릴쉽의 시추과정 (애니메이션)	http://www.youtube.com/watch?v=YQtDiX2Dbr0

일련번호	내용	youtube 주소
13	태풍시 라이저 텐셔너의 움직임(드릴쉽)	http://www.youtube.com/watch?v=j5e8Q1D_q4s
14	Final stage 'FPSO'	http://www.youtube.com/watch?v=jVtIIc7OME0
15	FPSO의 일반적인 개략도	http://www.youtube.com/watch?v=70XwYmmZFWs
16	FPSO건조(기존 Tanker 선박 개조)	http://www.youtube.com/watch?v=P15PZjJzg54
17	동적위치제어	http://www.youtube.com/watch?v=SP1KRiUrDTg
18	AHTS의 계류작업 지원 동영상	http://www.youtube.com/watch?v=atTe3BySKoE
19	PSV의 물자보급 동영상	http://www.youtube.com/watch?v=UcyiMOo6abk&list=PLvlIRhcJgmILw3jPnmWXoB79Habcn_W4N&index=2
20	파이프 부설선 선체 내에서의 파이프 연결과정	http://www.youtube.com/watch?v=02qzEHzR6wI
21	해상 크레인	http://www.youtube.com/watch?v=y3mzx4P3_7Y
22	semi-submersible vessel의 갑판승강식 구조물 하역 동영상	http://www.youtube.com/watch?v=gPtYL83q3S0
23	seismic survey vessel 의 탐사 동영상	http://www.youtube.com/watch?v=YNkJqJ2VAkQ&list=PLA1F8D2DD60356ED9
24	심해저 시추과정	http://www.youtube.com/watch?v=yuu0QcnOVbo

일련 번호	내용	youtube 주소
25	시추공 케이싱과정	http://www.youtube.com/watch?v=Wcela_weAYg
26	수압파쇄법	http://www.youtube.com/watch?v=04QAkRJLvTY
27	심해저 생산 시스템 구성 및 흐름	http://www.youtube.com/watch?v=iL3M-C70LPI&list=PLJBPGA24dsn-lnLJ44EYGRfMxPwvCea3p
28	용접 스테이션에서의 조립 작업 및 S-lay 파이프라인 설치	http://www.youtube.com/watch?v=a0qo2D3JrQQ
29	Reel-lay 방식과 J-lay 방식을 혼합한 파이프라인 설치	http://www.youtube.com/watch?v=CukflSn8uOM
30	trenching 과정	http://www.youtube.com/watch?v=DaaCl4cNKjY

【 참 고 문 헌 】

1) Akersolutions, 2013, Tension Leg Platform TECHNOLOGY,홍보자료

2) amazing-photography-blogz.blogspot.kr

3) article.joins.com/news/article/article.asp?Total_ID=4663641

4) Bill Soester, V.P.Engineering, 2005, Deepwater Oil & Gas Facilities, J.Ray McDermott

5) blog.daum.net

6) blog.daum.net/grmtinfo/16717309

7) blog.daum.net/offshore-process/69

8) blog.daum.net/whitehair50/7094484

9) blog.naver.com/hamoon0741/60038337723

10) blog.naver.com/hamoon0741/60038546717

11) blog.naver.com/hamoon0741/60038546717

12) blog.naver.com/hosogkim/152259318

13) blog.naver.com/iumnaru/100156182051

14) blog.naver.com/papabogi/150171405408

15) blog.naver.com/papabogi/150171406249

16) blog.naver.com/papabogi/150173681900

17) blog.naver.com/seoul_show/100200730655

18) blog.naver.com/vanana7/220165049750

19) blog.naver.com/windcome/70067474784

20) blog.samsungshi.com/149

21) cafe.naver.com/shipelectrical/14760

22) Clarkson Capital Markets, 2012, Overview of the Offshore Supply Vessel industry, Clarkson Capital Markets

23) commons.wikimedia.org/wiki/File:Jackup_rig_Thor.jpg

24) concretesubmarine.activeboard.com
25) dailyfusion.net/2013/07/pelastar-floating-offshore-turbine-platform-tests-completed/
26) Dale R. Snyder,Jr. 외 3명, 1994, Tendon foundation guide cone assembly and anode, USpatents
27) dayday7.tistory.com/23
28) Denby Grey Morrison 외 4명, 1997, Compliant tower,USpatents
29) en.wikipedia.org
30) en.wikipedia.org/wiki/Caisson_(engineering)
31) energyhs.com/platforms
32) fanaticcook.blogspot.kr/2010/06/semi-submersible-drilling-rigs.html
33) forums.spacebattles.com
34) frog30000.tistory.com
35) gcaptain.com/damen-unveils-beastly-200t-bollard/
36) gcaptain.com/hyundai-heavy-unveils-hd12000/
37) gcaptain.com/ship-photos-fsru-toscana-in-malta/
38) gcaptain.com/signs-long-term-contract-maersk/
39) hmc.heerema.com
40) http://en.wikipedia.org/
41) http://history.alberta.ca
42) http://www.asiatoday.co.kr
43) http://www.captainsvoyage-forum.com/
44) http://www.neil-brown.com/
45) http://www.offshoreenergytoday.com
46) http://www.pbase.com/
47) http://www.pewtrusts.org/
48) http://www.ulstein.com/

49) https://www.rigzone.com/
50) hydraulicspneumatics.com/marine-amp-offshore/great-ascent
51) Kokkinis, 2013, Automatic Ice-vaning ship, United States Patent
52) korearms.egloos.com/viewer/1095066
53) L Castellanos, 1974, Swivel joint connection, USpatents
54) lazerone.wordpress.com/about/ship-profiles/icebreakers-2/#jp-carousel-458
55) Lincoln Electric
56) McDermott International, Inc
57) minyakdangasmalaysia.blogspot.kr/2010/10/part-ii-types-of-offshore-platforms.html
58) naturalgas.org/naturalgas/extraction-offshore/
59) news.kbs.co.kr
60) oil-gas.hutchinsonworldwide.com/applications/tendon-connection
61) precastdesign.com/projects/platforms-barges/CIDS_gallery.php#1_CIDS/CIDS_1.jpg
62) rnzngunners.wordpress.com
63) s1135.photobucket.com/avisoft1/media/Supertankers/FulmarFSU-3_zps9abf67b5.jpg.html
64) scienceon_old.hani.co.kr/archives/7540
65) Scientific research. Vol.3 No.3, 2012, Risk and Reliability Analysis of Deepwater, Reel-Lay Installation: A Scenario Study of Pipeline during the Process of Tensioning
66) skyscraperpage.com/cities/?buildingID=23522
67) stpm.tistory.com/13
68) subseaworldnews.com
69) terms.naver.com/entry.nhn?docId=1320013&cid=40942&categoryId=32420
70) TOPAZ marine, 2013, Offshore Support Vessels easy reference guide, TOPAZ marine

71) towboatlaw.wordpress.com/
72) tunaskehidupan.wordpress.com/
73) tx.technion.ac.il/~felusy/antarctica/ship9.jpg
74) unenumerated.blogspot.kr/2007/02/mining-vasty-deep-i.html
75) www.2b1stconsulting.com
76) www.4coffshore.com/windfarms/gravity-based-support-structures-aid274.html
77) www.abam.com/portfolio/project/174
78) www.abb.com
79) www.abdn.ac.uk/historic/energyarchive/history.shtml
80) www.ahlers.com/news/downloads/
81) www.aluminumnowturkey.com
82) www.amtmarine.ca
83) www.asanint.com/insiter.php?design_file=1045.php&article_num=41&cat=B
84) www.aukevisser.nl/supertankers/FPSO-FSO/id531.htm
85) www.barge-master.com
86) www.basstech.se/web/designs.php?page=includeDrillship
87) www.boatnerd.com
88) www.charterworld.com
89) www.chevron.com/documents/pdf/filda2009.pdf
90) www.chron.com/news/gallery/Shell-039-s-Mars-B-field-88271/photo-6484091.php
91) www.claxtonengineering.com/offshore-case-studies
92) www.cosco-shipyard.com/englishnew/detail.asp?classid=8&id=364
93) www.ctow.be/
94) www.cyworld.com/lyapunov/2849718
95) www.derelictplaces.co.uk
96) www.docstoc.com/

97) www.ebay.com.sg

98) www.ebn.co.kr/news/view/607436

99) www.edaily.co.kr

100) www.eng.nus.edu.sg/EResnews/0910/rd/rd12.html

101) www.eninorge.com/en/Field-development/Goliat/Milestones/Installation/

102) www.firstsubsea.com/products/rht-tendon/image-gallery.html

103) www.flickr.com

104) www.flickr.com/photos/27889738@N07/4063930505/

105) www.foxoildrilling.com/jackup-rigs.html

106) www.globalsecurity.org/military/systems/ship/platform-tension-leg.htm

107) www.gulfisland.com/projects-dsme-benguela.html

108) www.heavyliftspecialist.com

109) www.hhi.co.kr/division/division01_04.asp

110) www.hmc.nl

111) www.houston-offshore.com/solutions/spar/

112) www.huismanequipment.com/en/products/drilling/drill_ships/huisdrill_10000

113) www.ikonet.com/en/

114) www.industrialmarinepower.com

115) www.iusm.co.kr

116) www.kamome-propeller.co.jp/en/ships/shirase/

117) www.kcomia.or.kr

118) www.kiewit.com/projects/oil-gas-chemical/offshore/hibernia-gravity-base-structure

119) www.kiviniria.net

120) www.komonews.com/Salvagers-tight-lippedonArctic-drill-ship-recovery-187506131.html

121) www.kptc.co.jp/e_port_outline.html

122) www.longzhugroup.com/en/shipping.asp

123) www.marinebio.net/marinescience/01intro/behist.htm

124) www.marineinsight.com/what-are-single-point-anchor-reservoir-spar-platforms/

125) www.marinelink.com/news/production-projected353587.aspx

126) www.maritimejournal.com

127) www.modec.com/fps/fpso_fso/projects/stybarrow.html

128) www.motorship.com/news101/

129) www.nauticexpo.com

130) www.offshoreenergytoday.com/petrobras-p-55-fpu-built-with-shipconstructor-software/

131) www.offshore-mag.com

132) www.offshoremoorings.org/Moorings/2009/External_Turret.htm

133) www.offshore-technology.com

134) www.offshore-technology.com/projects/baldpate/

135) www.offshore-technology.com/projects/matterhorn/matterhorn1.html

136) www.offshore-technology.com/projects/red-hawk/

137) www.offshore-technology.com/projects/red-hawk/red-hawk4.html

138) www.offshorewind.biz

139) www.ogj.com

140) www.oilrig-photos.com/albums.asp?id=18&page=2

141) www.oilrig-photos.com/picture/number129.asp

142) www.oilrig-photos.com/picture/number1831.asp

143) www.oilrig-photos.com/picture/number2220.asp

144) www.penta-ocean.co.jp/english/project/facility/airport/004.html

145) www.petro.no/nyheter/leteuken/leteuken--uke-6-2014/

146) www.phasernet.com/?p=3620

147) www.rigzone.com/training/insight.asp?insight_id=305&c_id=12

148) www.rigzone.com/training/insight.asp?insight_id=306&c_id=24

149) www.rolls-royce.com

150) www.r-stahl.com/products-and-systems/turret-control-cabinet-for-fpso.html

151) www.seasoft.org/Offerings/TLPsim.html

152) www.semar.no/sider/tekst.asp?side=127&submeny=ingen&niv2=

153) www.shipsandharbours.com/picture/number10366.asp

154) www.shipseller.net/details.php?id=2276

155) www.shipspotting.com/gallery/photo.php?lid=1307442

156) www.shipspotting.com/gallery/photo.php?lid=801347

157) www.skyscrapercity.com

158) www.smetak.com/ed/resume/exxon.htm

159) www.sofec.com/

160) www.technip.com/

161) www.thesundaytimes.co.uk/sto/travel/Destinations/Middle_East/article107872.ece

162) www.walconmarine.com/maintenance-moorings.asp

163) www.workboatbrokers.com

164) www.workfox.com/en/webfolio/fleet/Seafox-7/e/ms/77/pm/2/

165) www.worldmaritimenews.com

166) www.ynfpublishers.com/2011/03/thrusters-for-next-generation-deep-water-drillships/

167) www.youtube.com/watch?v=FKcG4KKUdH0

168) www.youtube.com/watch?v=qXEA3s7tKig

169) www.youtube.com/watch?v=WoBrR59Lr1o

170) 김남형, 김영수, 2009, 해양구조물과 기초(일본지반공학회 원저), 원기술

171) 김영복, 2011, Introduction to Offshore Platform Design, p.14-29, 경남대

172) 김우전, 2005, 해양구조물 설계 강의자료, 목포대

173) 김태희 외 2명, 2008, 해양 플랜트 공학, 선학

174) 대한조선학회, 2011, 선박해양공학개론, GS인터비전

175) 박광서, 2014, OSV시장 동향 및 진출방안 ppt, 한국해양수산개발원

176) 김남형, 김영수, 2009, 해양구조물과 기초(일본지반공학회 원저), 원기술

177) 신수철, 2013, Offshore Support Vessel의 기술개발 동향, 한국항해항만학회

178) 염재선, 2011, 풍력시스템융합 강의자료, p.71-99, 목포대

179) 염재선, 2011, 해상풍력시스템융합 강의자료,p.100-105, 목포대

180) 윤오섭, 1995, 우리나라의 간척사업, 논설

181) 정현, 1996, 해양구조물 소개와 그 설계에 필요한 자연 조건들, 한국기술사회

182) 정현, 1999, 해상 부유식 구조물의 개발 현황 소개, 한국기술사회

183) 조효제, 2010, Features of Offshore Plants Conceptional Design Points, p.57-67, 한국해양대

184) 최경식, 2013, 해양구조공학, 문운당

185) 최종근, 2011, 해양시추공학, 씨아이알

186) 한국지반공학회, 2011, 지질 및 암반공학 2, 씨아이알

187) 한국해양학회, 2005, 해양과학용어사전, 아카데미서적

188) 황아롬, 주영석, 유현수, 2013, 해양플랜트와 해양장비기초, GS인터비전

찾아보기

저자 : **하윤도**(군산대학교 조선공학과 교수)

해양구조물 설계 및 심해저 시스템

2015년 2월 20일 초판 인쇄

2015년 2월 28일 인쇄 발행

저 자 하윤도

발 행 인 송기수

발 행 처 도서출판 GS인터비전

편 집 처 도서출판 GS인터비전

인 쇄 처 GS인터비전

등록번호 제 313-2011-120 호

I S B N 979-11-5576-068-0(93530)

주 소 서울 마포구 토종로 222 한국출판협동조합 B동207호

전 화 02-976-7898, 02-3272-7898.

팩 스 02-6468-7898

홈 페 이 지 gsintervision.co.kr

E - M a i l gsinter7@gmail.com

정 가 20,000원